Mécanique automobile

Guy Sylvain Kouam Tchunekouo

Mécanique automobile

Technologies des systèmes
à commande informatisée

L'Harmattan

5-7, rue de l'École-Polytechnique, 75005 Paris
http://www.editions-harmattan.fr
ISBN : 978-2-343-11357-9
EAN : 9782343113579

AVANT-PROPOS

La quête de l'amélioration accrue des performances du moteur et l'adaptation de l'automobile aux technologies nouvelles ont amené les constructeurs automobiles à remplacer plusieurs systèmes électriques et mécaniques, autrefois à la pointe de la technologie, par des systèmes intelligents capables de jouer les mêmes rôles avec une grande sûreté dans le fonctionnement, tout en facilitant une maintenance rapide et précise des éléments avec un gain de temps avantageux tant pour les clients que pour les responsables chargés de la maintenance. Cette transformation de l'automobile doit son essor à l'apparition des technologies à microprocesseur et à microcontrôleur de plus en plus performantes, au langage machine de plus en plus simplifié et à la miniaturisation des éléments électroniques qui réduit l'encombrement et la masse des différents systèmes électroniques. Ce document est alors conçu dans le souci d'améliorer et d'adapter la formation dans la spécialité mécanique automobile à ces technologies afin d'accroître la performance des apprenants.

KOUAM TCHUNEKOUO

GÉNÉRALITÉS

L'électronique arrive dans l'automobile avec de simples modules à transistor pour la commande du système d'allumage. Au départ, l'ordinateur fonctionnait avec des tubes à vide qui dégageaient beaucoup de chaleur et nécessitaient tout un système de refroidissement. Loin de là, l'ordinateur était très encombrant, difficile à faire fonctionner et trop cher. Ce sont l'évolution des processeurs et la miniaturisation des composants qui ont à un moment donné changé la perception des constructeurs et ont fait leur apparition dans les automobiles. Les systèmes d'allumage électronique intégral à calculateur analogique sont les premiers du genre à apparaître dans l'automobile ; le calculateur étant un micro-ordinateur (microprocesseur ou microcontrôleur). Le véritable essor apparut avec l'arrivée du calculateur numérique et de nos jours, les micro-ordinateurs commandent de plus en plus les systèmes dans l'automobile. La sûreté de leur fonctionnement a favorisé leur intégration rapide dans ce domaine. Pour être en mesure de suivre cette révolution dans le secteur de l'automobile, les mécaniciens doivent avoir des connaissances de base sur le fonctionnement des calculateurs.

1. SYNOPTIQUE GÉNÉRALE DES SYSTÈMES À COMMANDE INFORMATISÉE

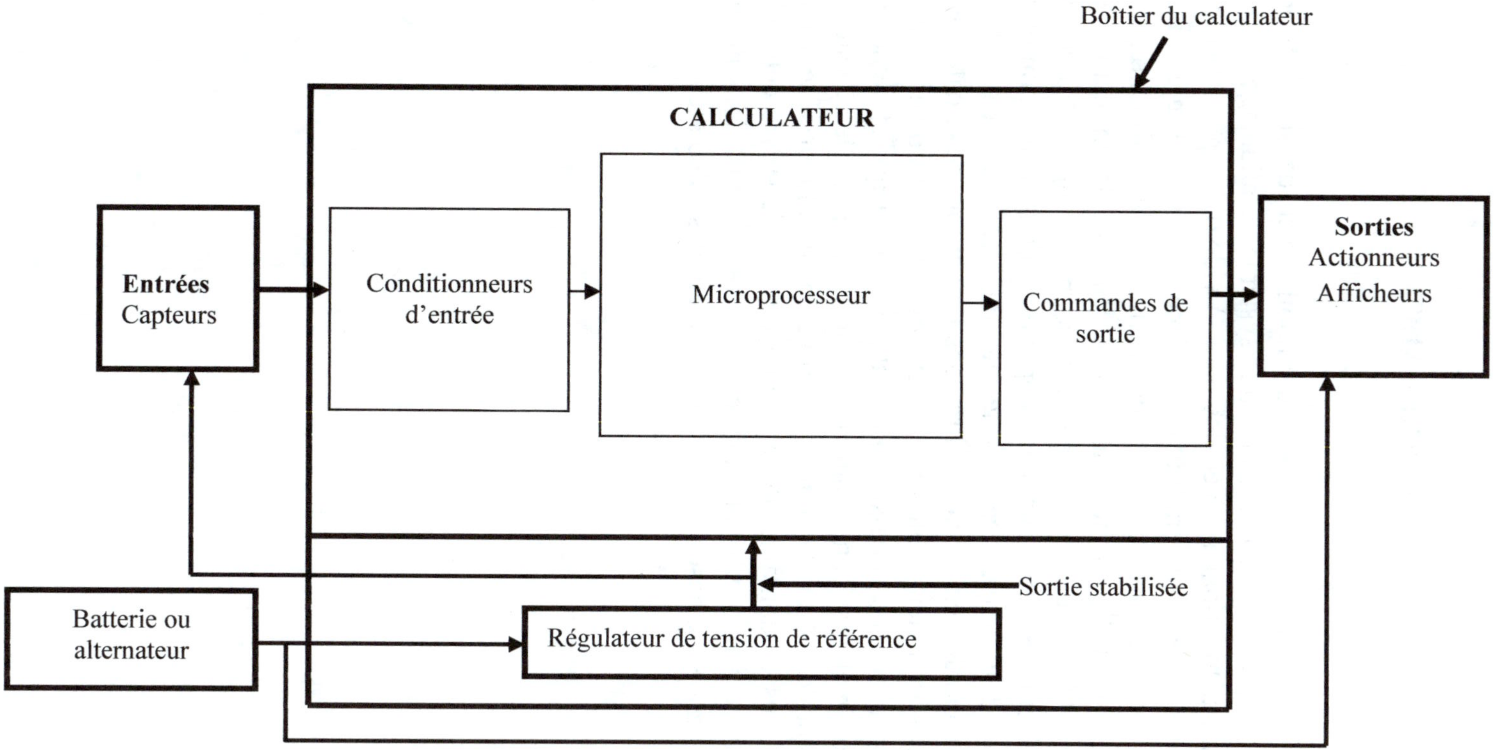

Figure 1 : Synoptique d'un système à commande informatisée.

2. STRUCTURE GÉNÉRALE DES SYSTÈMES À COMMANDE INFORMATISÉE

Un système à commande informatisée est constitué de trois parties essentielles à savoir : l'entrée, l'unité de traitement et la sortie. Ces trois parties définissent son fonctionnement (figure 2).

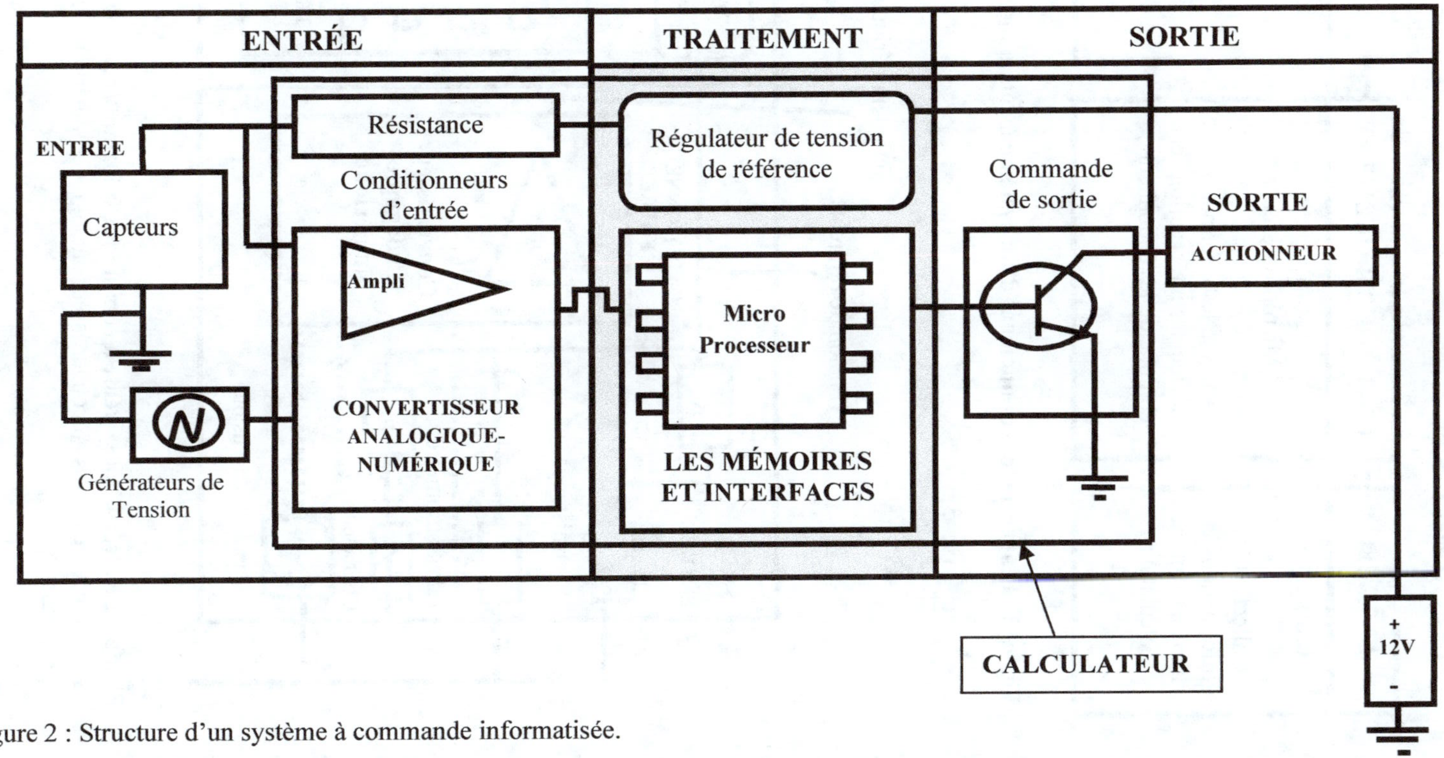

Figure 2 : Structure d'un système à commande informatisée.

3. FONCTIONNEMENT D'UN SYSTÈME À COMMANDE INFORMATISÉE

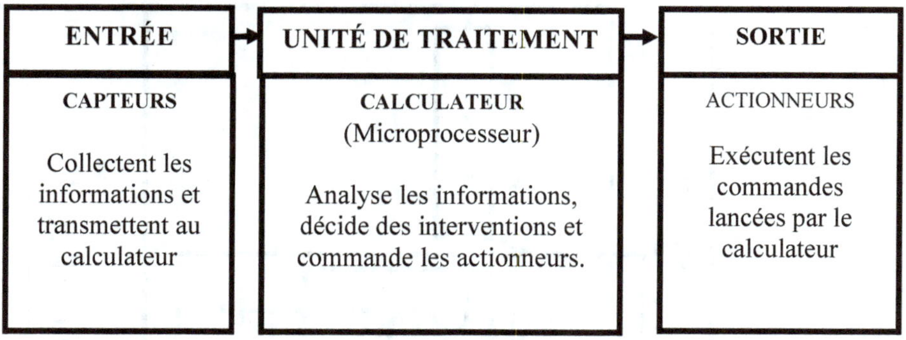

Figure 3 : **Étapes de fonctionnement d'un système à commande informatisée.**

3.1. L'ENTRÉE

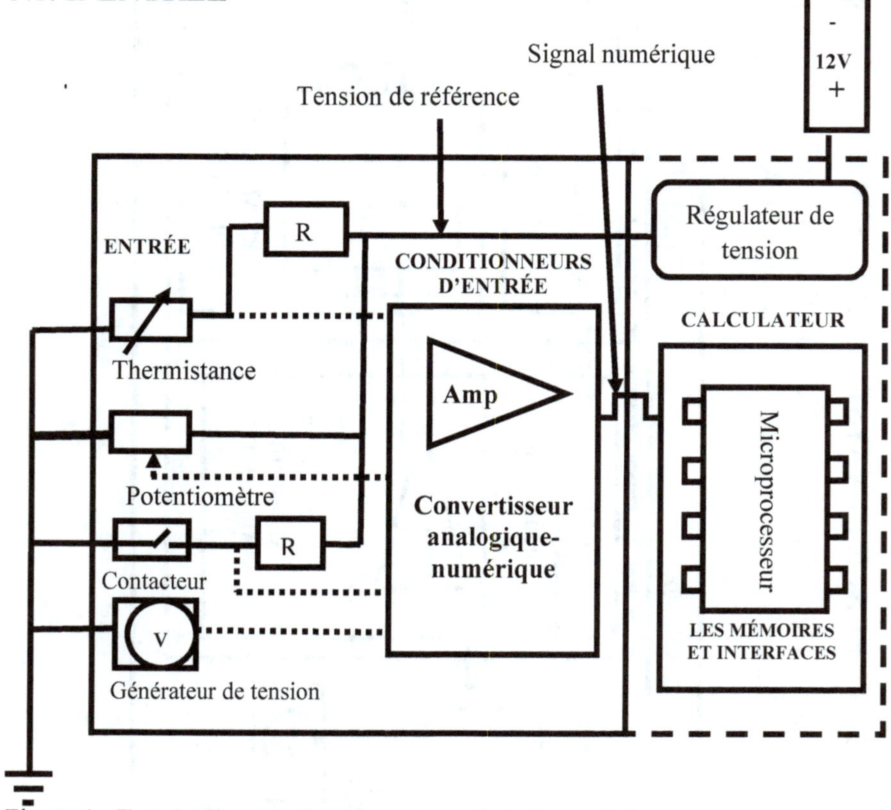

Figure 4 : **Entrée d'un système à commande informatisée.**

▪▪▪▪ Signaux envoyés au convertisseur analogique-numérique ou à l'amplificateur par les capteurs

Les capteurs ratiométriques[1], les contacteurs, les boutons de commande, les mini-claviers (interface de réglage de la température du système de climatisation), les générateurs de tension (...) constituent généralement les éléments d'entrée. Tout système à commande informatisée possède les éléments d'entrée, car ils servent d'interface entre l'environnement et l'unité de traitement. Ils surveillent en permanence les grandeurs physiques situées dans l'environnement, recueillent les informations et les transmettent à l'unité de traitement. Ils permettent aussi à l'individu de communiquer avec l'unité de traitement. Il existe une multitude d'éléments d'entrée et chaque élément a une spécificité et est utilisé en fonction de la grandeur physique située dans l'environnement. Les éléments de la figure 4 sont ceux du calculateur de gestion moteur. Il faudra aussi noter que certaines technologies des éléments d'entrée de nos jours sont complexes, en l'occurrence celle à transpondeur ou à lecteur CD utilisée dans le système antidémarrage.

Le conditionneur d'entrée permet d'amplifier le signal de certains capteurs et de transformer l'analogique en numérique ou simplement, d'amplifier le signal avant d'envoyer à l'unité de traitement.

---

[1] Capteur qui produit un signal proportionnel à l'énergie de la grandeur mesurable. Ce capteur est encore appelé : « **capteur analogique** », car son signal est du type analogique.

3.2. L'UNITÉ DE TRAITEMENT

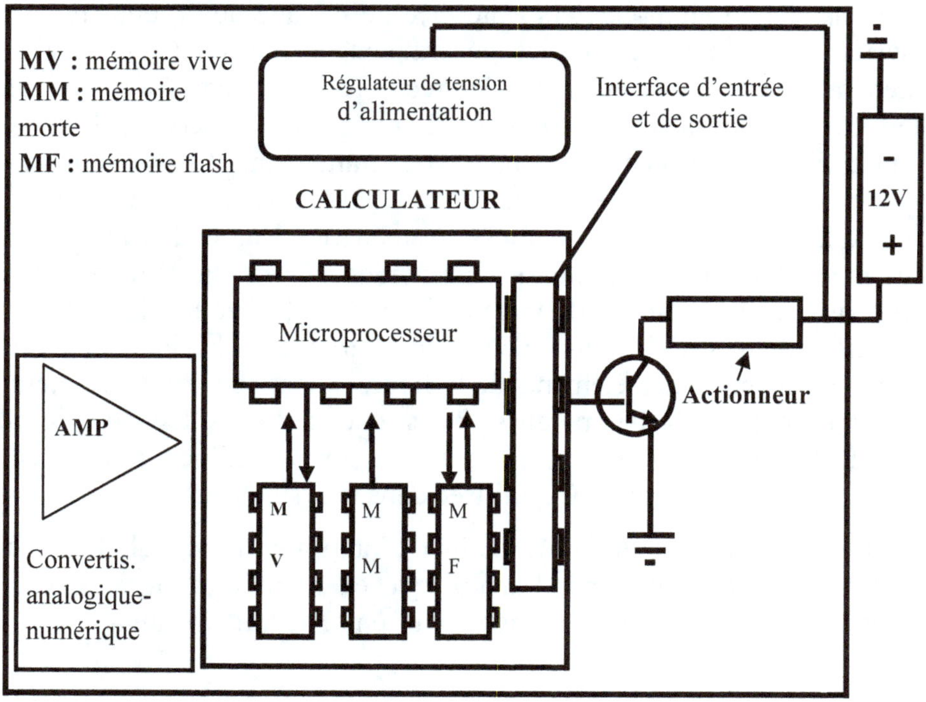

Figure 5 : L'unité de traitement d'un système à commande informatisée.

L'unité de traitement peut être un microprocesseur ou un microcontrôleur. L'analyse ou le traitement des informations consiste en la comparaison des données reçues des capteurs avec celles disponibles en mémoire, ou à faire des calculs à partir des données reçues des capteurs pour les comparer avec celles disponibles en mémoire.

La décision consiste en l'exécution de l'instruction en mémoire s'il y a coïncidence entre les données reçues des capteurs ou les résultats trouvés après calcul avec les données en mémoire.

La commande consiste à déclencher le signal de sortie et à choisir le port de sortie. En effet, l'unité de traitement a pour principal rôle d'agir sur les sorties en fonction des données des entrées.

En automobile, un calculateur renferme une unité de traitement et celle-ci peut être un circuit intégré appelé microcontrôleur, à l'intérieur duquel sont regroupés un microprocesseur, les mémoires et les interfaces ou alors un ensemble de plusieurs circuits intégrés où chacun peut être un des éléments cités précédemment. Cet ensemble est rassemblé sur un circuit imprimé appelé microprocesseur (figure 5). Le premier sert à la commande d'un système spécifique (calculateur d'airbag) alors que le second permet la gestion de plusieurs systèmes ou la gestion d'une commande complexe (calculateur de gestion du moteur).

3.3. LA SORTIE

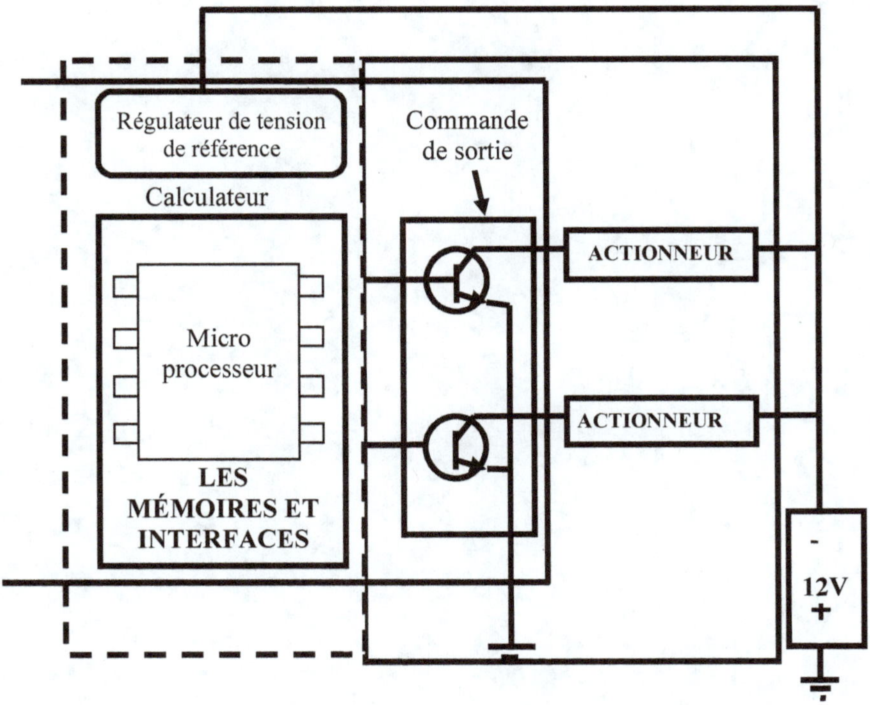

Figure 6 : Section unité de traitement d'un système à commande informatisée.

La sortie est constituée des actionneurs (relais, électrovannes, moteurs pas à pas, afficheur…) qui servent d'interface entre l'organe à commander et l'unité de traitement. C'est grâce à la sortie qu'un système à commande informatisée agit sur l'environnement. La commande de sortie peut être un transistor ou un buffer.

CHAPITRE I :

PRINCIPES PHYSIQUES INDISPENSABLES

I.1. L'ÉLECTROMAGNÉTISME

I.1.1. Création du champ magnétique par un courant

Le courant qui circule dans un conducteur génère autour de ce conducteur un champ magnétique.

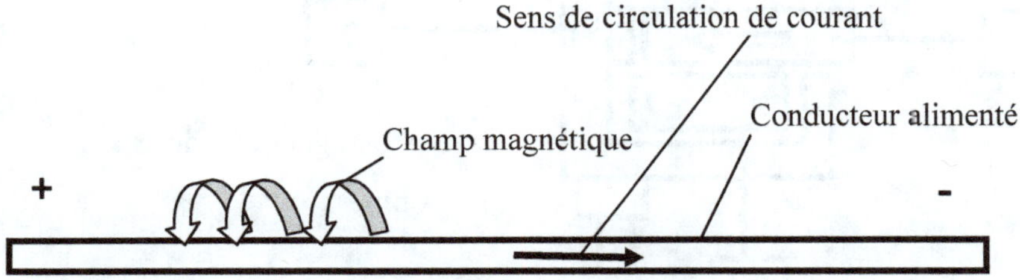

Figure 1.1 : **Création de champ magnétique.**

I.1.2. L'électro-aimant

Lorsque le conducteur est enroulé pour former une bobine, ses extrémités se polarisent naturellement en nord/sud lorsque le courant circule dans la bobine.

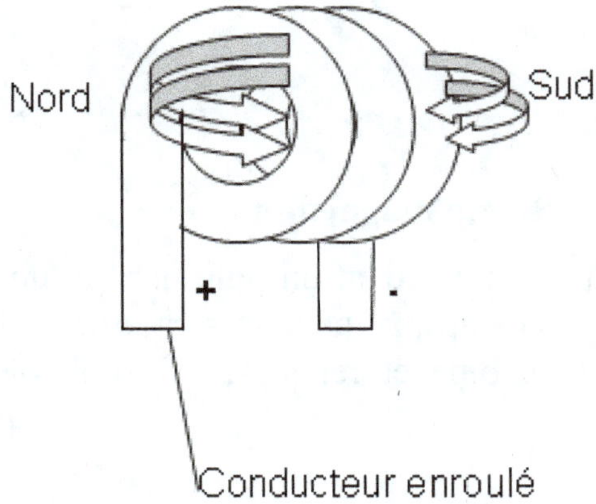

Figure 1.2 : **Champ magnétique d'une bobine.**

La polarité dépend du sens de la circulation du courant et la puissance du champ magnétique dépend de l'intensité du courant qui traverse la bobine, du nombre de spires, ainsi que la longueur de celles-ci.

I.1.3. Pièce métallique dans un champ magnétique

Une pièce métallique dans le champ magnétique de la bobine subit l'attraction.

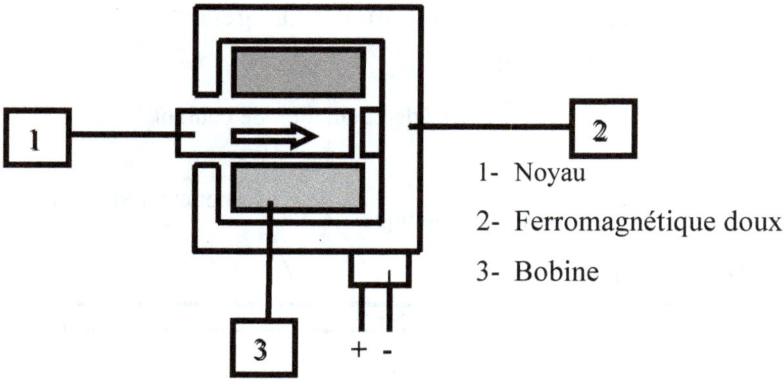

Figure 1.3 : **Le métal dans un champ magnétique.**

Pour canaliser et concentrer le flux champ magnétique sur l'élément que l'on veut tourner ou déplacer, l'on entoure la bobine d'un matériau ferromagnétique doux.

Quelques applications :

- les contacts d'un relais ;
- le noyau de l'électrovanne.

I.1.4. Pièce polarisée dans un champ magnétique

Une pièce polarisée est une pièce possédant un pôle nord et un pôle sud. Une pièce polarisée dans un champ magnétique sera attirée si son pôle est différent de celui de la bobine et repoussée si son pôle est identique à celui de la bobine.

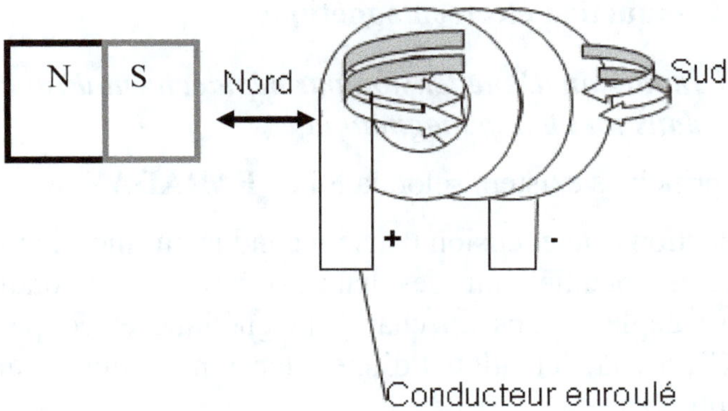

Figure 1.4 : **La bobine et un aimant permanent.**

I.1.5. Action d'un champ magnétique sur un conducteur parcouru par un courant

Lorsqu'un conducteur alimenté en courant est placé dans un champ magnétique (électro-aimant ou aimant permanent), ce conducteur est soumis à une force appelée force électromagnétique qui le repousse. Ce phénomène est à la base du fonctionnement des moteurs électriques, à la seule différence que dans un moteur, le conducteur prend la forme d'un cadre.

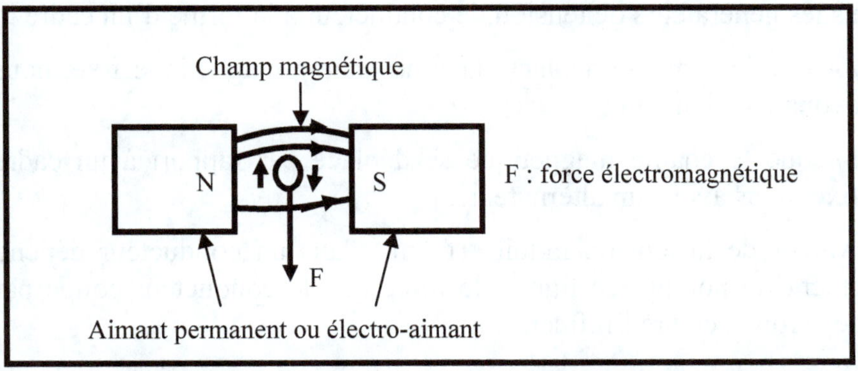

Figure 1.5 : **Action d'un champ magnétique sur un conducteur parcouru par un courant.**

Quelques applications :

- les démarreurs ;
- les moteurs pas à pas ;
- le moteur d'essuie-glace.

I.1.6. L'induction électromagnétique

I.1.6.1 Induction d'une tension par déplacement d'un conducteur dans un champ magnétique

Deux principes existent selon la loi de **FARADAY** :

- l'induction d'une tension dans un conducteur mobile : il s'établit une différence de potentiel entre les deux extrémités d'un conducteur lorsque celui-ci se déplace dans un champ magnétique et coupe les lignes de force. C'est la création d'une tension induite appelée force électromotrice ;

- l'induction par variation du flux magnétique d'une bobine.

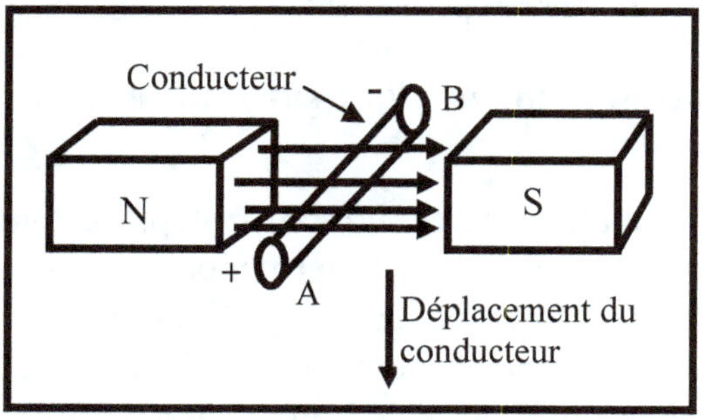

Figure 1.6 : **Déplacement d'un conducteur dans un champ magnétique.**

Dans les générateurs de tension, le conducteur a la forme d'un cadre :

- lorsque le cadre se déplace dans un champ magnétique fixe, nous avons une dynamo ;
- lorsque le champ magnétique se déplace par rapport à un cadre fixe, nous avons un alternateur.

La valeur de la tension induite (f.é.m.) dans un conducteur dépend entièrement du nombre de lignes de force que le conducteur coupe par seconde. Trois facteurs l'influencent :

- l'intensité du champ magnétique : plus l'aimant est puissant, plus le champ magnétique est intense et il y a plus de lignes de force ;
- la vitesse de déplacement du conducteur : un déplacement plus rapide du conducteur provoque la coupure d'un plus grand nombre de lignes de force par seconde ;

- la longueur du conducteur : plus la surface du conducteur qui coupe les lignes de force est grande, plus le nombre de lignes de force coupées par seconde augmente.

Application : pour qu'un conducteur génère une tension induite de **1V**, il doit couper environ cent millions de lignes de force en une seconde.

I.1.6.2 Induction d'une tension dans une bobine obtenue par un aimant permanent

La variation du flux magnétique est réalisée de deux façons :

- soit l'aimant permanent est mobile et la bobine fixe ;
- soit l'aimant fixe est intégré au boîtier de la bobine, et la mise en mouvement d'un élément ferromagnétique concentre le champ magnétique de l'aimant et le prélève ainsi à la bobine. Le flux magnétique varie et il y a création d'une tension.

Application :

Capteur magnétique.

I.1.6.3 Induction mutuelle

En variant le champ magnétique d'une bobine et en plaçant à proximité une autre bobine réceptrice, une tension induite est naturellement créée à ses bornes. Dans cette condition, la valeur de la tension induite dépend du nombre de lignes de force qui coupent la bobine réceptrice. Le nombre de lignes de force coupées dépend à son tour de :

- l'intensité du champ magnétique ;
- nombre de spires de la bobine réceptrice ;
- la vitesse de déplacement du champ magnétique.

APPLICATION DE L'INDUCTION MUTUELLE

Lorsque le nombre de spires entre la bobine émettrice (créatrice du champ magnétique) et la bobine réceptrice (créatrice d'une tension induite) est différent, la tension induite récupérée est modifiée dans le même rapport. C'est le principe des **transformateurs**.

Transformateur élévateur : le nombre de spires de la bobine réceptrice (secondaire) est supérieur au nombre de spires de la bobine émettrice (primaire). Le calibre du fil de la bobine secondaire est inférieur à celui de la bobine primaire.

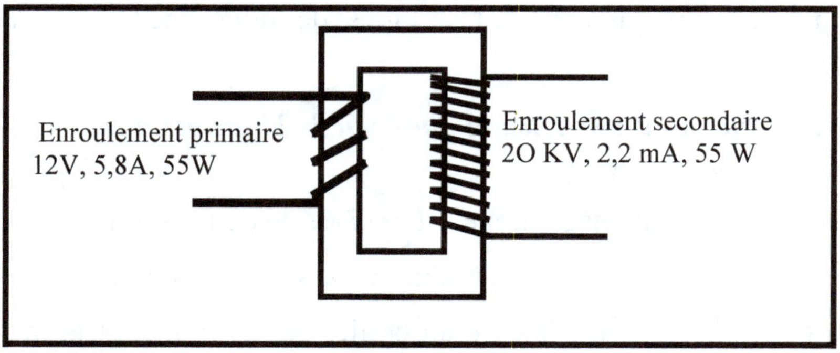

Figure 1.7 : **Principe d'un transformateur élévateur.**

Transformateur abaisseur : le nombre de spires de la bobine réceptrice (secondaire) est inférieur au nombre de spires de la bobine émettrice (primaire).

Variation du champ magnétique avec un courant continu : lorsque le courant est continu, le conducteur de la bobine primaire enroulé autour d'un noyau est relié à un interrupteur puis raccordé à une source d'alimentation. À l'ouverture, le flux magnétique est nul dans le noyau de la bobine primaire et à la fermeture, le flux magnétique atteint la valeur maximale.

Application : bobine d'allumage des moteurs automobiles : type essence.

Variation du champ magnétique avec un courant alternatif : la variation du flux magnétique dans la bobine primaire n'est pas due à un interrupteur, mais à la polarité selon la fréquence. Une bobine primaire alimentée en courant alternatif produit un champ magnétique variable et dans une bobine secondaire peut s'induire une tension.

Application : le transformateur du réseau de courant alternatif d'alimentation des ménages.

I.1.7. L'auto-induction

L'alimentation d'un conducteur génère autour de ce conducteur un champ magnétique. Si une variation de l'alimentation a lieu, elle provoque une variation du champ magnétique et une tension induite de sens inverse à l'alimentation se génère dans le même conducteur. Ce phénomène se produit lorsqu'il y a ouverture et fermeture d'un circuit.

$$e = - L (di/dt)$$

e : tension d'auto-induction ;

- : indique le sens inverse par rapport à l'alimentation ;

L : inductance ;

di : variation d'intensité ;

dt : durée de la variation de l'intensité (plus le temps est bref, plus l'auto-induction est grande).

L'auto-induction est utilisée dans les bougies d'allumage pour la création de l'arc électrique. Pour protéger un circuit d'auto-induction (nuisible), on utilise une diode protectrice dite : « **diode de roue libre** ».

I.1.8. Transfert de courant dans l'air

En alimentant une bobine (émettrice), elle génère un champ magnétique et en plaçant une autre bobine à proximité (réceptrice), à une certaine distance, elle recueille les ondes magnétiques et les transforme en courant.

Application : pour charger un véhicule électrique équipé d'un récepteur de recharge à distance, il suffit de le placer à proximité d'une source électrique équipée d'un émetteur de recharge à distance.

I.2. L'EFFET HALL

L'effet hall est une déviation du courant circulant dans un semi-conducteur, provoqué par la présence d'un champ magnétique. La déviation est proportionnelle à l'intensité du champ magnétique et son sens dépend de la polarité de l'aimant.

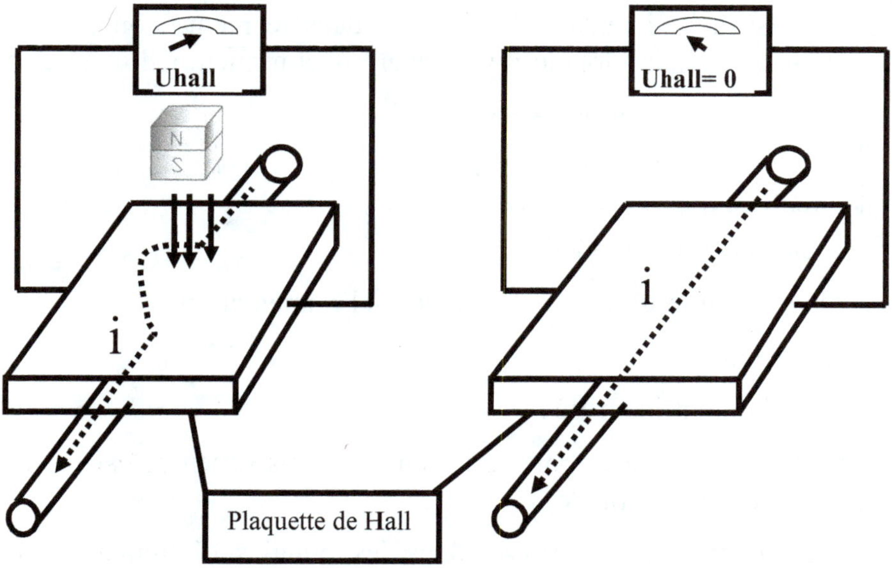

Figure 1.8 : **Création de la tension de Hall.**

La tension de Hall est très faible, de l'ordre de quelques millivolts. Pour augmenter cette tension, on utilise un amplificateur de tension.

I.3. THERMORÉSISTIVITÉ

C'est la propriété des matériaux dont la résistance varie avec la température. On distingue deux types de matériaux pour la fabrication :

- les semi-conducteurs à base de silicium et de platine pour les résistances qui augmentent avec la température. On les nomme : à Coefficient de température positif (CTP) ;
- les semi-conducteurs à base d'oxyde de fer, de cobalt, du nickel ou du zinc pour les résistances qui diminuent avec l'augmentation de la température. On les nomme : à Coefficient de température négatif (CTN).

Quelques applications :

- les capteurs ou sondes de température ;
- les bougies de préchauffage des moteurs diesel.

I.4. PIÉZOÉLECTRICITÉ ET PIÉZORÉSISTIVITÉ

I.4.1. Piézoélectricité

L'effet piézoélectrique direct

Ce sont les matériaux qui se polarisent sous l'effet de la déformation. En les comprimant ou en les étirant, on recueille une tension proportionnelle à l'effort de pression ou d'extension. Le sens de la tension change avec le sens de l'effort. Le principal matériau est le quartz, mais on utilise souvent les céramiques à base de plomb, de titane ou de zirconium dont les caractéristiques sont meilleures. La tension générée par ces céramiques est cent fois supérieure à celle du quartz pour un effort équivalent.

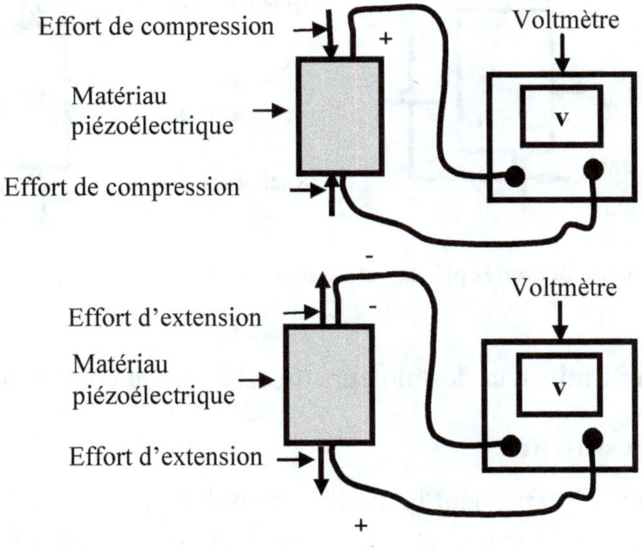

Figure 1.9.1 : **Principe de l'effet piézoélectrique direct.**

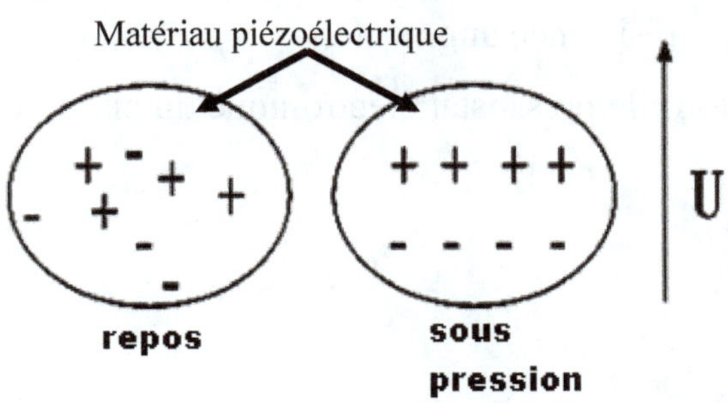

Figure 1.9.2 : **Comportement d'un matériau piézoélectrique**

Quelques applications :

- l'accéléromètre du système d'airbag ;
- le capteur de cliquetis du moteur à combustion.

L'effet piézoélectrique indirect

L'effet indirect consiste en la déformation d'un matériau piézoélectrique lorsqu'il est alimenté électriquement. Une fois un matériau piézoélectrique déformé, en appliquant une impulsion électrique de sens contraire, il retrouve son état initial.

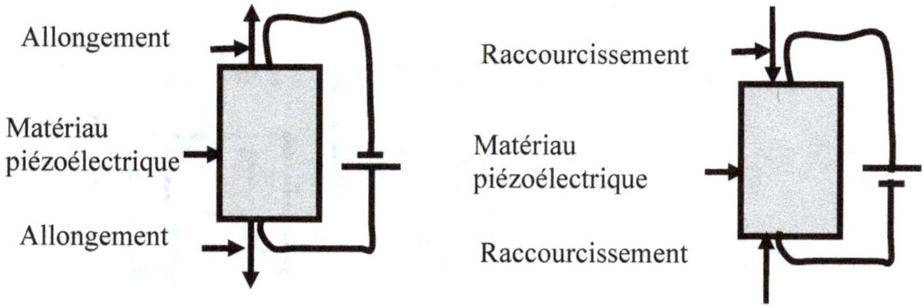

Figure 1.9. 3 : **Principe de l'effet piézoélectrique indirect.**

Application : l'injecteur des moteurs diesel à rampe commune.

I.4.2. Piézorésistivité

C'est la propriété exprimant la modification de la résistance électrique d'un matériau lorsqu'il est soumis à une déformation. En effet, pour un matériau, lorsque la section diminue, sa résistance augmente et inversement. En comprimant un matériau, sa section diminue et par conséquent, sa résistance augmente.

Application : le pressostat électronique du circuit de la climatisation

CHAPITRE II :

LES CAPTEURS

Un capteur est un organe de prélèvement d'informations qui élabore à partir d'une grandeur physique (la vitesse de rotation du moteur, le débit d'air admis dans les cylindres, la température du moteur…), une autre grandeur physique de nature différente (tension ou intensité). Cette grandeur représentative de la grandeur prélevée est utilisable à des fins de mesure ou de commande des actionneurs. La relation caractéristique d'un capteur peut s'écrire sous la forme **S = f(E),** c'est-à-dire pour une variation **(dE)** de la grandeur d'entrée, le capteur répond par une variation **(dS)** de la grandeur de sortie. Si **(dE)** est suffisamment petit pour que l'on puisse considérer la fonction **f** comme linéaire et si ces variations sont nettement plus lentes que le « temps de réponse » du capteur, alors on appellera sensibilité du capteur, la grandeur **S = dS/dE**. Les capteurs sont caractérisés par la technologie qu'ils utilisent pour transformer la grandeur physique mesurable en un signal de tension. Certaines de ces technologies sont simples à mettre en œuvre comme la thermistance alors que d'autres nécessitent une électronique complexe intégrée pour les rendre utilisables comme l'effet hall ou la piézorésistivité. Les capteurs ayant des technologies différentes peuvent remplir une même fonction. Autrement dit, la technologie d'un capteur est indépendante de sa fonction. La fonction est définie absolument par le constructeur automobile en fonction de la grandeur physique.

Les capteurs sont pour le calculateur, ce que les sens sont chez l'être humain. Dépourvu de capteurs, le calculateur perd son rôle et sera incapable de commander même une simple diode électroluminescente en fonction d'une grandeur physique. Pour faire réaliser les tâches quotidiennes de l'humain par les machines, il faut au préalable trouver pour chaque tâche un ou plusieurs capteurs adaptés. Ainsi, développer l'électronique revient *a priori* à inventer les capteurs, car un seul programme informatique réussi suffit à adapter plusieurs situations avec des capteurs différents. C'est ainsi qu'il peut être très étonnant de constater que les calculateurs d'injection essence, d'injection diesel ou d'allumage électronique intégrale ont presque le même programme informatique à la base, pourtant la fonction de chaque calculateur est indépendante des fonctions des deux autres calculateurs. L'étude vise à présenter l'exploitation des capteurs pour une utilisation ou une compréhension facile, afin que les mécaniciens pratiquent des interventions aussi aisément et produisent des résultats satisfaisants. Les capteurs ont deux rôles, car ils peuvent être utilisés à des fins de mesure ou à des fins de commande.

II.1. UTILISATION DES CAPTEURS

II.1.1. Capteur utilisé pour la mesure

Le capteur utilisé à des fins de mesure est du type analogique. Il analyse la grandeur physique, recueille les informations et communique à un calculateur qui traite ces informations et restitue le résultat sous la forme d'une valeur. Un capteur utilisé à des fins de mesure est souvent appelé « sonde ». On peut alors, à partir de ses signaux, avoir une idée du comportement de la grandeur physique et prendre des décisions. Ces signaux constituent un résultat qui suit généralement la fonction **S = f(E).** En automobile, la thermistance, par exemple, joue le rôle d'un capteur de mesure, car grâce à elle, le conducteur connaît les variations de la température de son moteur. Ainsi, si on considère que **T** est la température du moteur et **S** le résultat lu sur le cadran ou l'afficheur au niveau du tableau de bord, alors **S=f(T)** est la fonction associée. La figure ci-dessous présente l'exploitation d'un capteur pour la mesure. La température affichée est proportionnelle à la mesure faite par le capteur (thermistance).

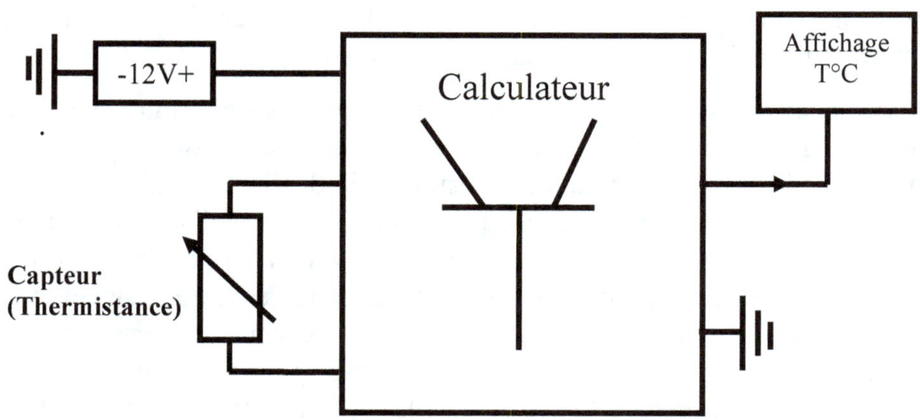

Figure 2.1 : **Synoptique d'un indicateur numérique.**

II.1.2. Capteur utilisé pour la commande

Le capteur utilisé à des fins de commande analyse et mesure la grandeur physique afin de recueillir les informations qu'il communique à un calculateur. Le calculateur à son tour traite ses informations et commande l'organe souhaité via un élément de puissance adapté à cet effet. L'élément à commander dans le système ci-dessous est l'airbag. L'unité de traitement **1** déclenche les airbags **3** en fonction des capteurs de choc **2.** L'élément de puissance n'est pas représenté.

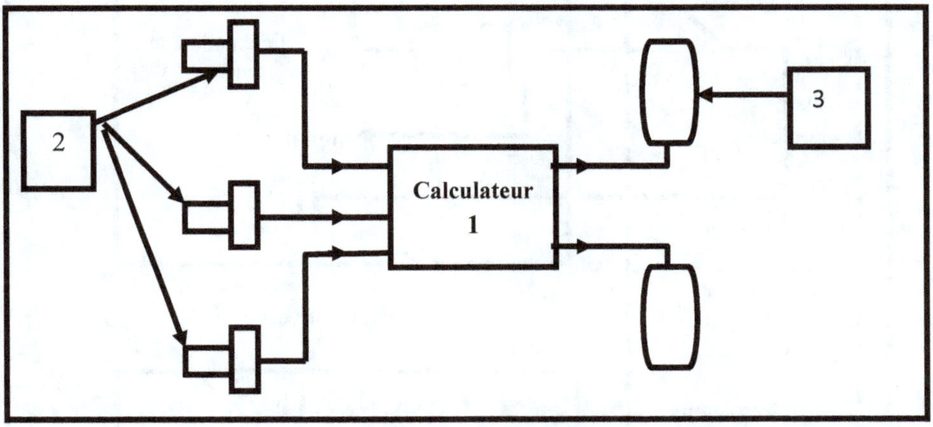

Figure 2.2 : **Principe de commande d'airbag décentralisé.**

II.2. FAMILLE DES CAPTEURS

II.2.1. Les capteurs actifs

Ils se caractérisent par le fait qu'ils assurent une conversion d'énergie de la grandeur mesurable en énergie électrique. Ce sont les capteurs dont les éléments électroniques sont en permanence reliés à l'alimentation électrique. Ils réagissent aux conditions de l'environnement en modifiant la tension d'alimentation fournie par le calculateur. Nous avons comme exemples : les potentiomètres, les thermistances, les contacteurs.

II.2.1.1. Les contacteurs

Les contacteurs communiquent la position ou l'état d'un élément. Ce sont des interrupteurs renfermés dans des boîtiers dont la forme est déterminée par la tâche qu'ils assurent ou leur position dans le montage. Un contacteur occupe deux positions : ouvert ou fermé et selon sa position, le signal perçu par le calculateur peut être nul (**0**) ou (**1**).

Deux câblages permettent l'exploitation du contacteur :

- le câblage du contacteur avec communication à la masse ;
- le câblage du contacteur avec communication au positif.

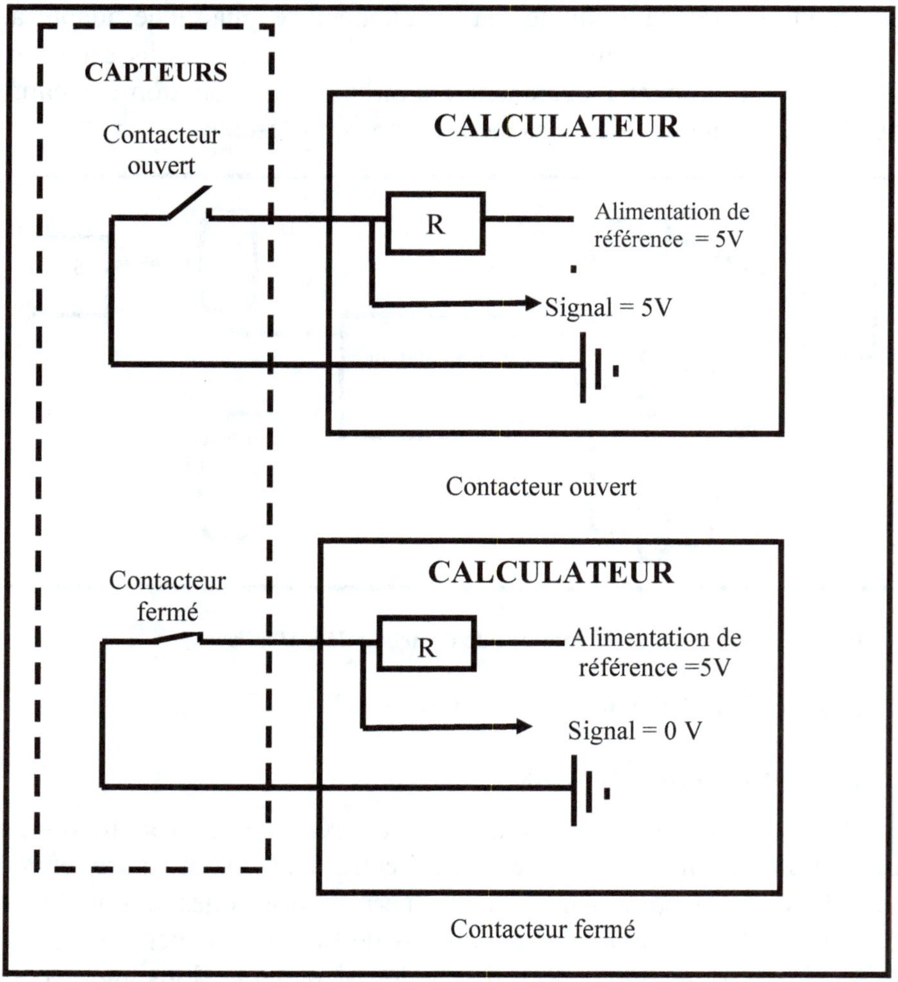

Figure 2.3 **: Câblage d'un contacteur avec communication à la masse.**

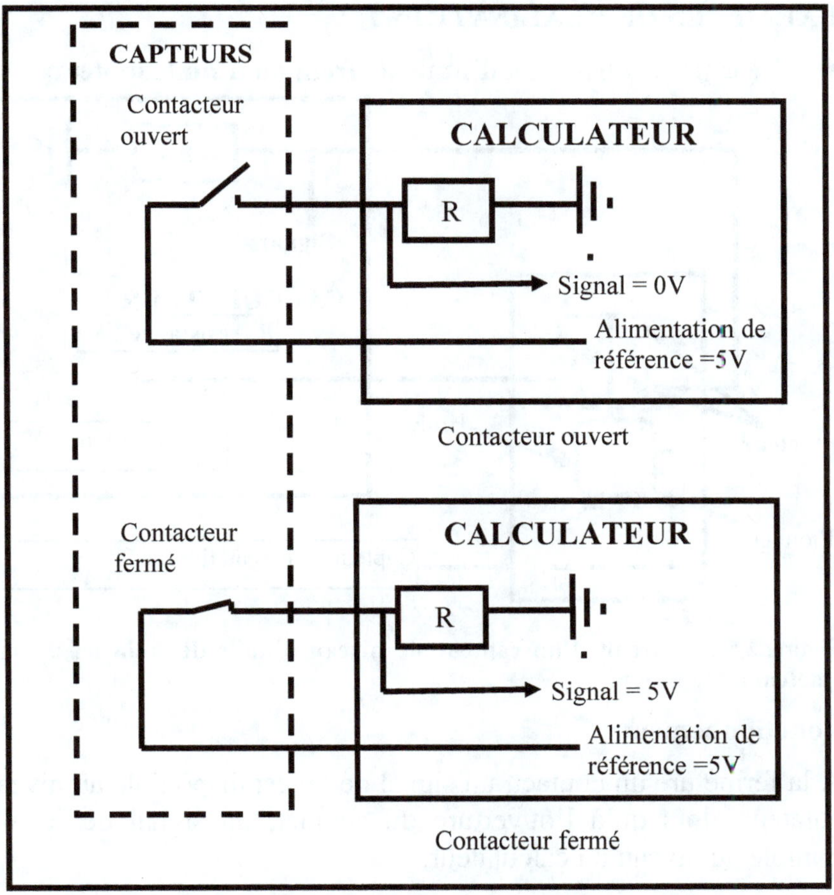

Figure. 2.4 **: Câblage d'un contacteur avec communication au positif.**

Les contacteurs facilitent la programmation, mais sont utilisés seulement lorsqu'il s'agit de la commande simplifiée des dispositifs, car ils n'occupent que deux positions dans leur fonctionnement. L'ouverture et la fermeture d'un contacteur peuvent être commandées par divers moyens :

- mécaniquement (contacteur de la pédale de frein) ;
- avec la pression (manocontact de la servodirection) ;
- avec la chaleur (lame bimétallique de thermo-contact).

EXEMPLES DE RÉALISATION

- **Le capteur de niveau d'huile de frein ou d'huile moteur**

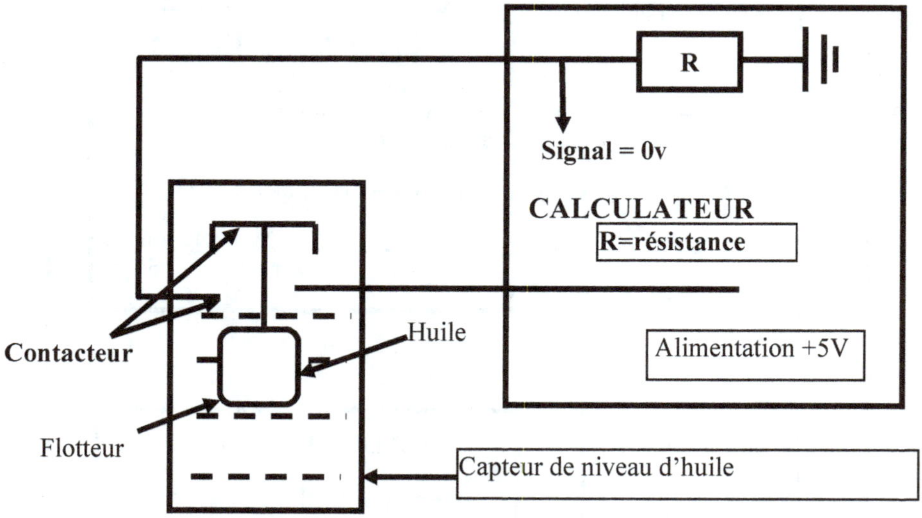

Figure. 2.5.1 : **Circuit d'un capteur de niveau d'huile de frein ou du moteur (contacteur).**

Fonctionnement

À la fermeture du contact, un signal de 5v est disponible au niveau du calculateur alors qu'à l'ouverture du contact, un signal de (0 V) est disponible au niveau du calculateur.

- **Cas particulier des thermo-contacts**

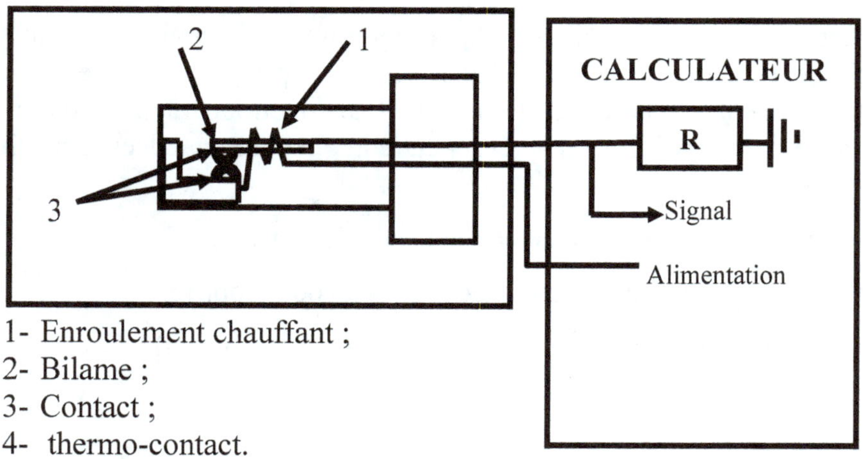

1- Enroulement chauffant ;
2- Bilame ;
3- Contact ;
4- thermo-contact.

Figure. 2.5.2 : **Circuit d'un capteur de température temporisé (thermo-contact).**

Chaque type de thermo-contact (CTN ou CTP) est exploité dans les conditions indispensables à son utilisation.

Exemple :

- un thermo-contact du type CTN peut être exploité comme capteur de départ à froid sur un moteur à combustion interne, car à froid, ses contacts seront fermés ;

- un thermo-contact du type CTP peut être exploité comme capteur de température pour la commande du motoventilateur de refroidissement sur un moteur à combustion interne, car à chaud, ses contacts seront fermés.

Autres capteurs à contacteurs utilisés dans l'automobile :

- manocontact de pression d'huile moteur ;
- contacteur de la pédale de frein ;
- contacteur de niveau d'huile de frein ;
- contacteur de point mort, première imposée, deuxième imposée d'une boite automatique, etc.

Avantage : les contacteurs ont un avantage qu'ils peuvent être connectés directement sur l'actionneur pour assurer sa commande. L'utilisation d'un calculateur est indispensable lorsqu'il faut utiliser plusieurs capteurs pour la commande d'un même actionneur.

II.2.1.2. Les potentiomètres

Les potentiomètres servent à indiquer des positions ; ils convertissent un déplacement mécanique en un signal de tension proportionnel au mouvement et à la position de leur curseur. Un potentiomètre est formé d'un matériau résistant, d'un curseur mobile et de trois connexions reliées chacune à l'un des circuits suivants : tension d'alimentation, retour au calculateur et curseur, qui achemine le signal au calculateur.

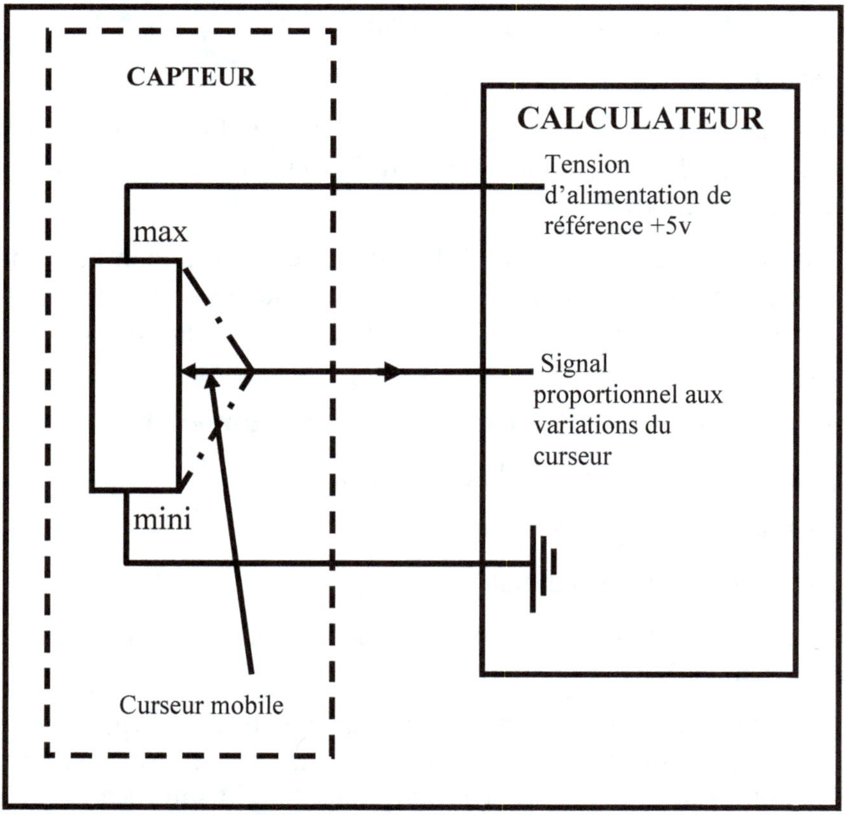

Figure 2.6 .1 : **Câblage d'un potentiomètre.**

FONCTIONNEMENT

Le potentiomètre est alimenté sous une tension d'alimentation de référence (5v) fournie par le calculateur. Le déplacement du curseur module cette tension d'alimentation et la valeur de la tension à la borne reliée au curseur reflète directement la position du dispositif à surveiller. Le signal est du type analogique variant entre zéro et la valeur de la tension d'alimentation de référence (5v).

EXEMPLE DE RÉALISATION

Capteur d'angle du volant

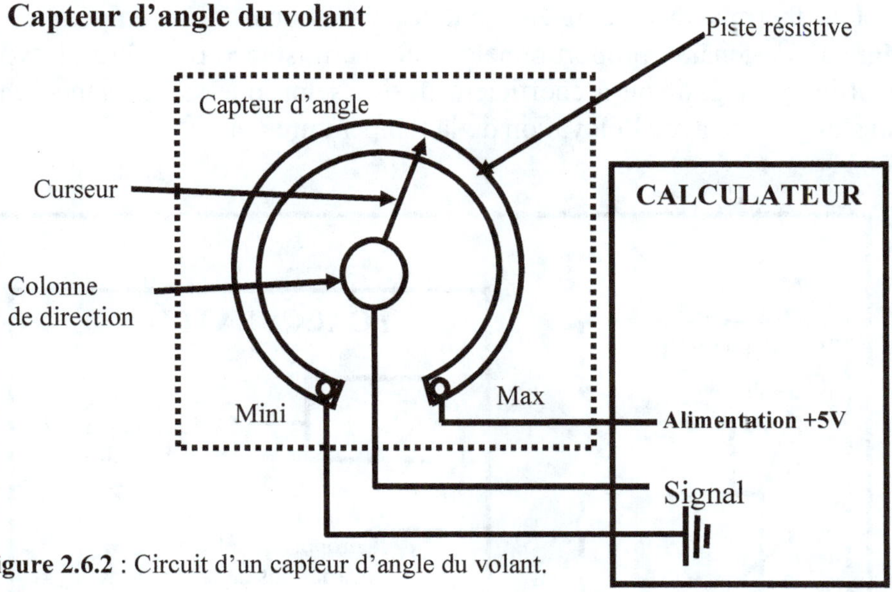

Figure 2.6.2 : Circuit d'un capteur d'angle du volant.

Fonctionnement

C'est un potentiomètre à un tour, mais sans butée de rotation. La piste résistive est fixe alors que le curseur est relié à la colonne de direction. Le signal envoyé au calculateur est proportionnel au déplacement du curseur. La connaissance d'angle total de rotation est obtenue par comptage des tours. Dans la zone morte (vide), aucun signal n'est envoyé au calculateur. La position roues droites doit donc être éloignée de cette zone. Une électronique de transformation du signal ratiométrique en signal tout ou rien peut être indispensable en fonction de l'algorithme selon le constructeur.

Autres capteurs à potentiomètre :

- capteur de position du papillon des gaz ;
- capteur de niveau de carburant (presque sur tous les véhicules) ;
- capteur de recirculation des gaz d'échappement ;
- débitmètre d'air volumique classique.

II.2.1.3. La thermistance

Les thermistances convertissent les variations de la température en signaux de tension proportionnels. Une thermistance peut être du type à coefficient négatif ou à coefficient positif selon que sa résistance chute ou s'augmente avec l'élévation de la température.

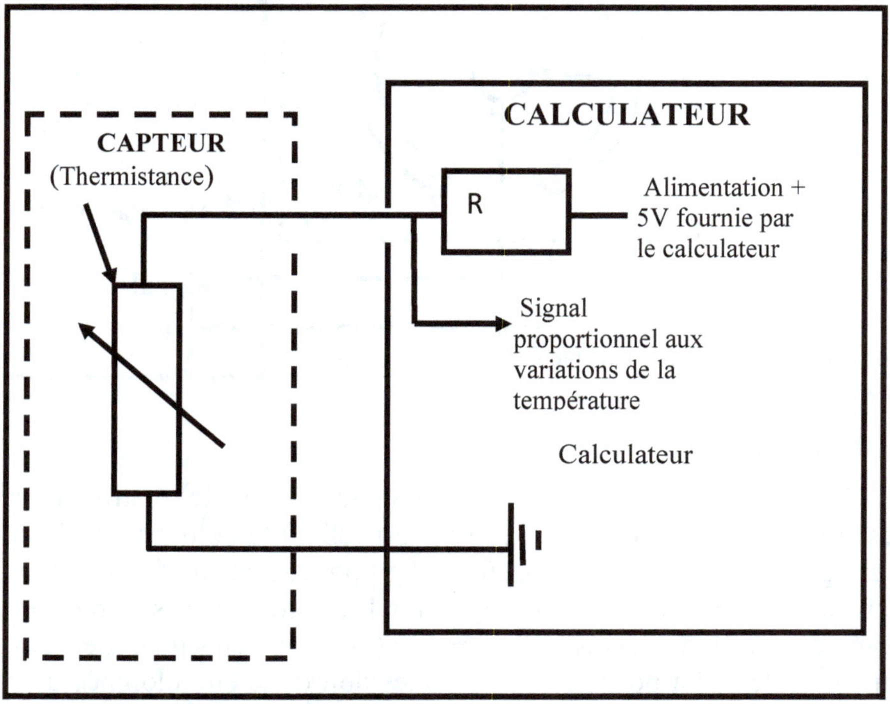

Figure 2. 7 .1 **: Câblage d'une thermistance.**

Pour connecter une thermistance au calculateur, on le monte en série avec la résistance chutrice[2] afin de créer un pont diviseur de tension. Son utilisation est très indispensable, car contrairement au potentiomètre où sa structure permet d'obtenir un diviseur de tension, c'est la résistance chutrice qui permet la création d'un pont diviseur de tension. Ainsi, toute variation de la valeur de la résistance de la thermistance provoque une modification de la tension au point de perception du signal.

Exemple de réalisation : capteur de température du moteur

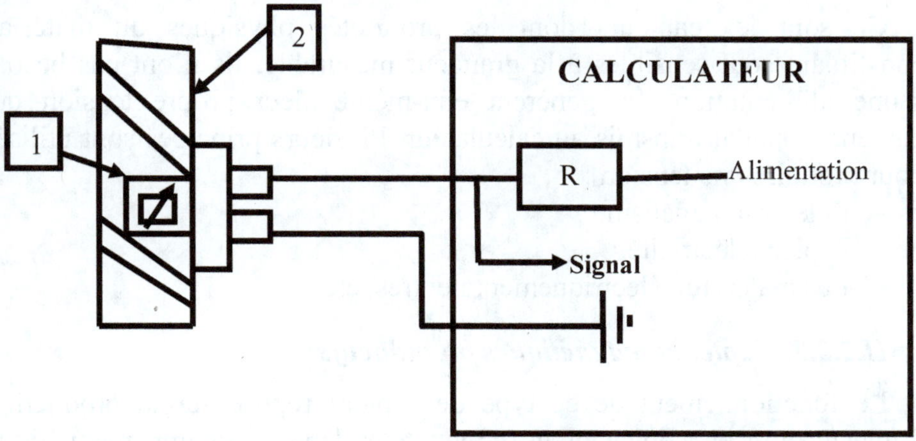

Figure 2. 7.2 **: Circuit d'un capteur de température du moteur (thermistance)**

1- Résistance variable en fonction de la température ;

2- Culasse.

R : résistance qui fait chuter la tension ou qui permet de créer un pont diviseur de tension.

Autres capteurs à thermistance :

- sonde de température des gaz d'échappement ;
- sonde de température d'air d'admission ;
- sonde de température d'huile du moteur.

Détermination du signal

Supposons que :

R_1 = résistance chutrice fixe = 1OOΩ ;

R_2 = thermistance = 1OOΩ valeur obtenue à une date donnée selon la température ;

U = alimentation par le calculateur = 5V.

Alors $U= I (R_1+R_2)$ d'où $I = U/ R_1+R_2 = 5/200 = 0.025$ A

$U1 = R_1x I = R_2xI= 2.5$ V donc le signal = 2.5 V

II.2.2. Les capteurs passifs

Ce sont les capteurs dont les propriétés physiques du matériau constituant sont sensibles à la grandeur mesurable. Ils n'ont pas besoin d'une alimentation. Ils génèrent eux-mêmes leur propre tension qui devient le signal transmis au calculateur. Plusieurs principes sont utilisés pour produire une tension :

- l'électromagnétisme ;
- la piézoélectricité.
- Les matériaux électriquement neutres, etc.

II.2.2.1. Capteurs magnétiques ou inductifs

Le fonctionnement de ce type de capteur repose sur la production d'une tension en déplaçant un conducteur dans un champ magnétique (Figure 1.3). Ce capteur produit son propre signal et ne nécessite aucune alimentation.

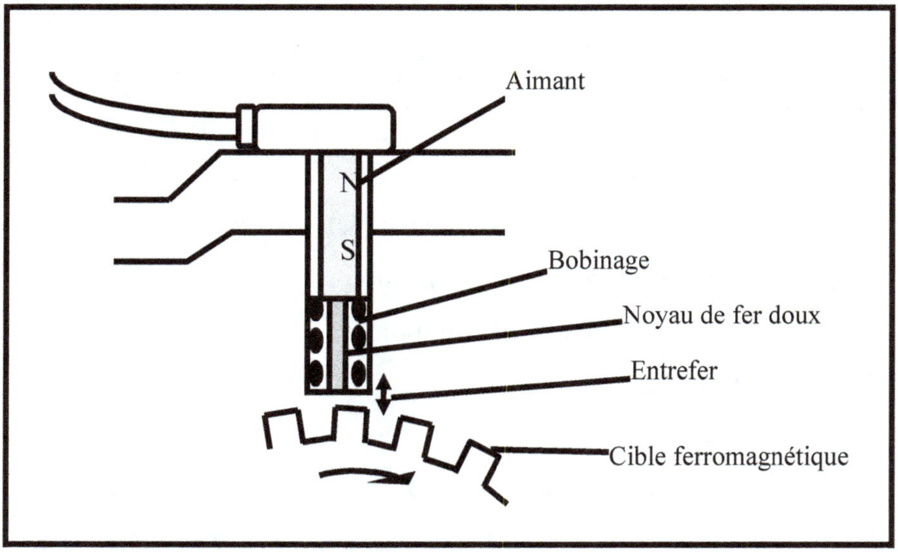

Figure 2.8 **: Capteur régime du moteur.**

FONCTIONNEMENT

L'aimant permanent crée un champ magnétique dans la bobine et dans son environnement. Lorsque la cible ferromagnétique mobile concentre le champ magnétique (une dent d'une couronne dentée qui s'approche du noyau de fer doux), une tension électrique positive s'induit dans l'enroulement du bobinage aussi longtemps que le champ magnétique augmente. Lorsque la dent s'aligne avec le noyau de fer doux, la variation du champ magnétique s'arrête dans l'enroulement et la tension induite devient nulle. Lorsque la dent s'éloigne du centre, la tension induite prend la valeur négative. Dans certaines applications, les conducteurs sont blindés ou les fils sont torsadés pour réduire les effets de l'induction magnétique. Le signal envoyé au calculateur est du type analogique obtenu après redressement, car la forme d'onde produite est alternative.

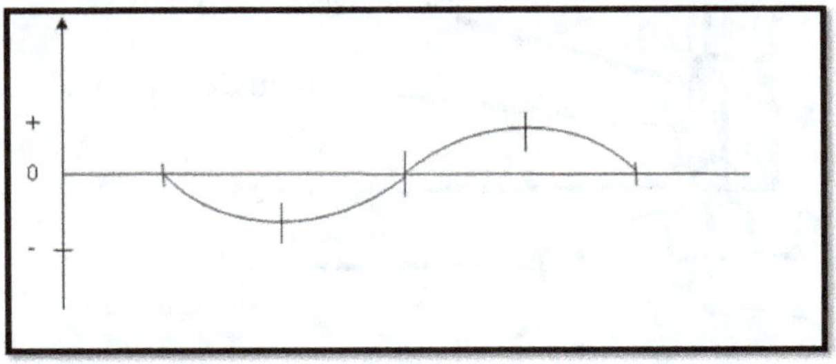

Figure 2.8.1 **: Forme d'onde produite par le capteur.**

Ce capteur au niveau du volant moteur peut remplir les fonctions de capteur de :

- régime du moteur (figure 2.8) ;
- position du vilebrequin (figure 2.10) ;
- position du point mort haut et vitesse de rotation du moteur (figure 2.11).

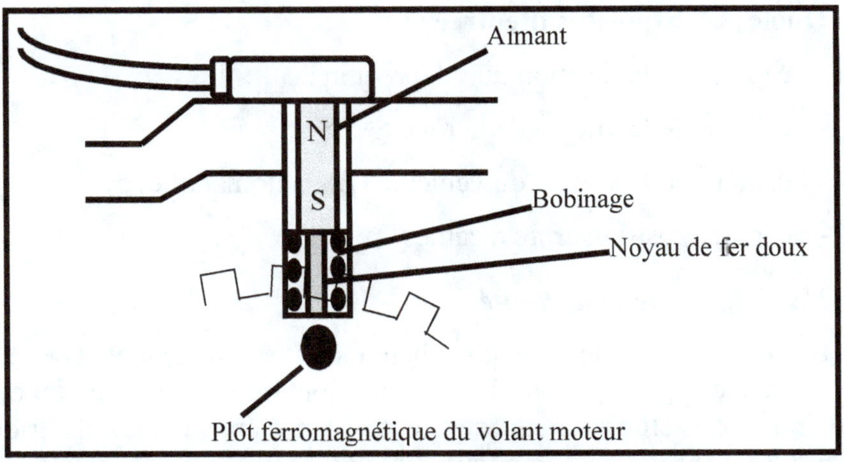

Figure 2.10 : **Capteur de position du vilebrequin.**

À chaque fois que le plot ferromagnétique du volant moteur passe devant le capteur, un signal est envoyé vers le calculateur pour indiquer la position du vilebrequin.

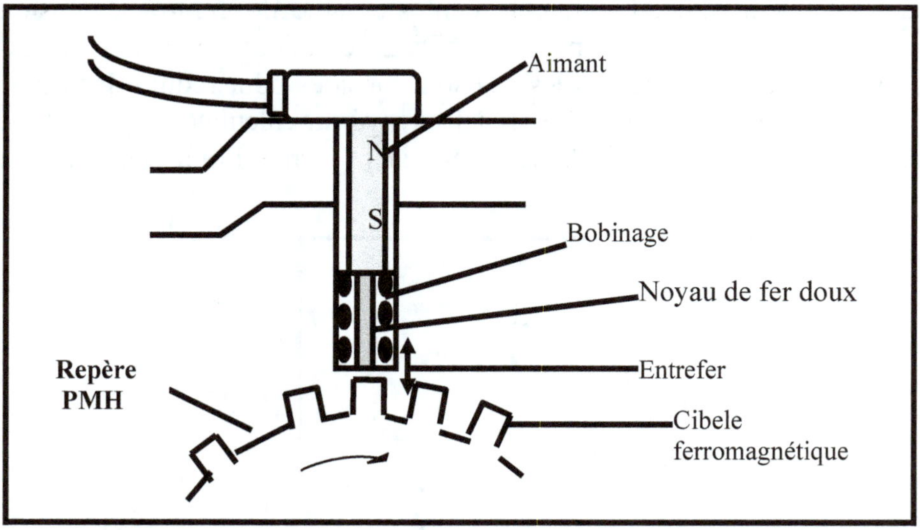

Figure 2.11 : Capteur double fonction (position du vilebrequin et vitesse de rotation du moteur).

Deux dents sont enlevées pour indiquer la marque de référence au calculateur et le reste des dents ferromagnétiques est réservé pour le régime moteur et les positions angulaires du vilebrequin obtenues par comptage du nombre de dents. Cette distinction est réalisée dans le programme informatique de pilotage du système de gestion moteur.

Quelques dispositifs d'entrée :

- capteur de la position du vilebrequin ;
- capteur de la vitesse de la roue (ABS) ;
- capteur de la vitesse du véhicule (BV automatique) ;
- capteur position arbre à cames.

II.2.2.2. La piézoélectricité

La piézoélectricité est un phénomène selon lequel une tension électrique est générée par la compression ou l'extension de certains matériaux cristallins (cristal de quartz). Un élément piézoélectrique est formé d'un disque en céramique renfermant un cristal de quartz spécial inséré entre deux électrodes conductrices.

II.2.2.2.1. La création d'une tension (capteur de cliquetis)

a) CAPTEUR DE CLIQUETIS (piézoélectricité)

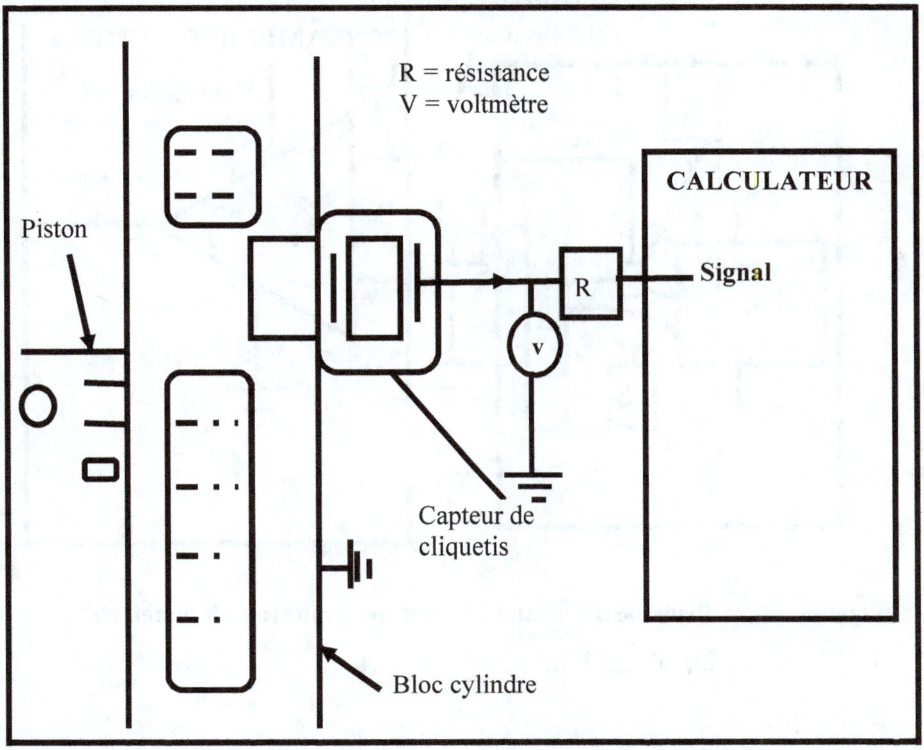

Figure 2.12 **.1 : Circuit du capteur de cliquetis.**

FONCTIONNEMENT

Les vibrations et les ondes de choc exercent une pression sur la membrane métallique à l'intérieur du capteur, comprimant le cristal. Une tension comprise entre **0** et **1V** reproduit fidèlement les vibrations de fréquence des vibrations auxquelles est soumis le cristal et est disponible aux bornes du voltmètre.

Le signal est du type analogique à amplifier.

b) CAPTEUR ACCÉLÉROMÉTRIQUE (piézoélectricité)

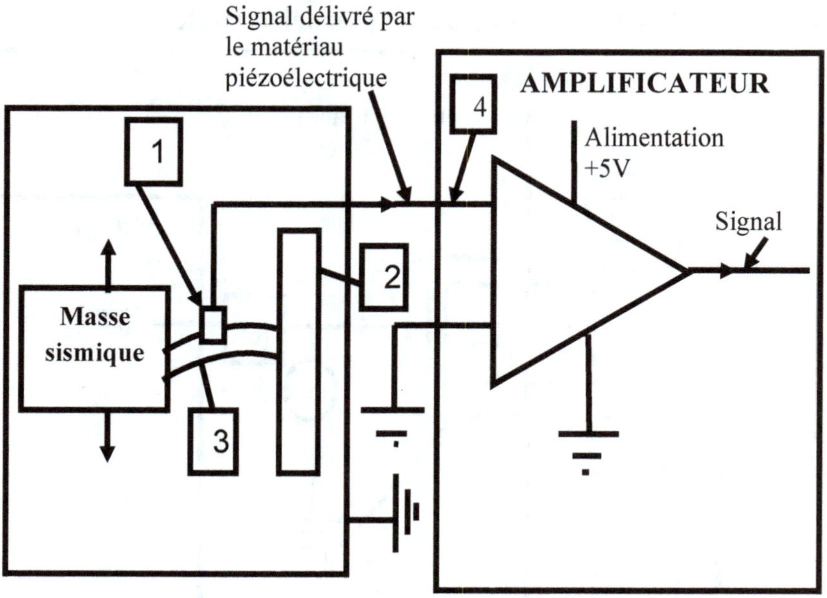

Figure 2.12 **.2 : Principe d'un capteur piézoélectrique (accéléromètre).**

1- Élément piézoélectricité ;

2- Socle ;

3- Poutre déformable ;

4- Signal non amplifié.

En fonction des déformations de la poutre déformable, l'élément piézoélectrique délivre un signal faible qui sera amplifié par l'amplificateur avant d'être envoyé au calculateur.

II.2.2.2.2. La modification de la résistance électrique (capteur de pression)

La déformation du cristal de quartz par une pression ou une vibration produit deux effets : la création d'une tension et la modification de la résistance électrique ; chacun de ces effets sert à effectuer une tâche spécifique.

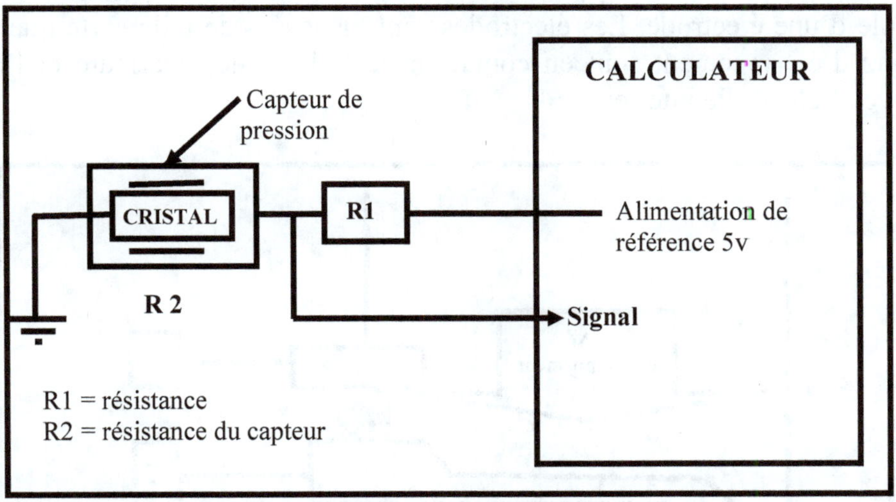

Figure 2. 13 : **Câblage d'un capteur de pression piézorésistif.**

FONCTIONNEMENT

Le capteur est alimenté par le calculateur. Une résistance chutrice réalise un diviseur de tension et protège le circuit en cas de court-circuit à la masse entre le calculateur et le capteur. Le cristal se comporte alors comme une résistance variable dont la valeur est fonction de la pression qu'il subit. La résistance augmente si la pression augmente et diminue si la pression diminue. Le raccordement à la résistance chutrice crée un circuit dont le fonctionnement est identique à celui du circuit représenté lors de l'étude de la thermistance.

Autres capteurs de pression piézoélectrique :

- capteur de pression carburant ;
- capteur de pression d'huile moteur ;
- capteur de pression du fluide frigorigène.

II.2.2.3. Création d'électricité à partir des matériaux électriquement neutres

Une tension électrique est obtenue en présence d'une différence de concentration en oxygène entre les deux surfaces d'un élément actif. L'élément actif est la céramique et le dioxyde de zirconium (zro2) conducteur des ions d'oxygène à 300°c. L'élément actif est recouvert d'une mince couche de platine, chacune des couches de platine joue le rôle d'une électrode. Les électrodes sont disposées de telle sorte que les gaz d'échappement sont en contact avec l'électrode extérieure et l'air, avec l'électrode intérieure.

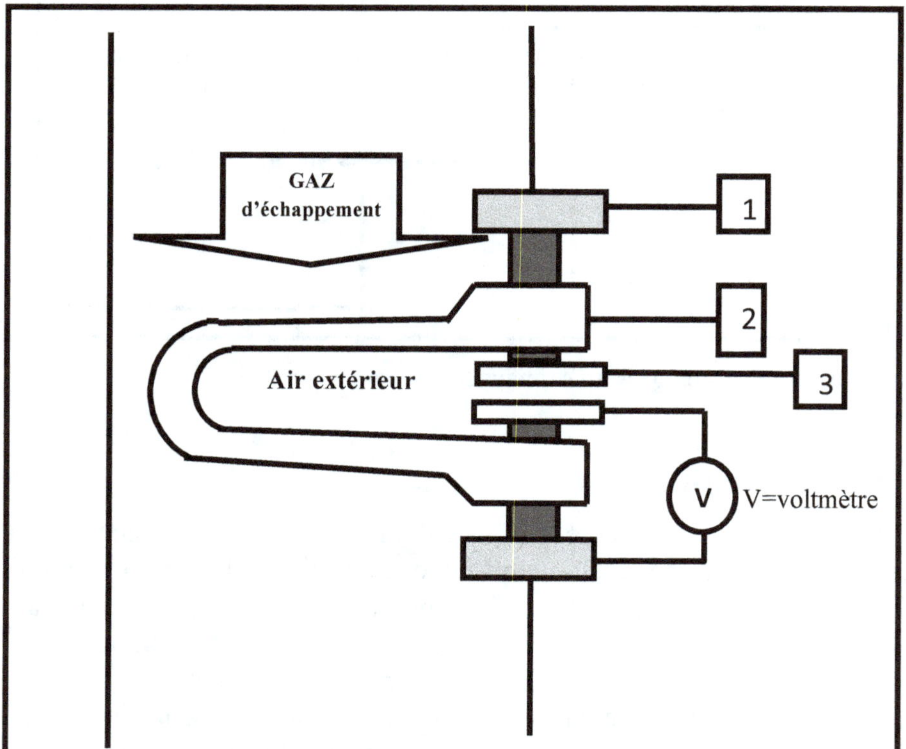

1- Électrode de platine en contact avec les gaz d'échappement
2- Céramique conductrice des ions d'oxygène en dioxyde de zirconium
3- Électrode de platine en contact avec l'air extérieur

Figure 2.14 : **Principe d'une sonde à oxygène.**

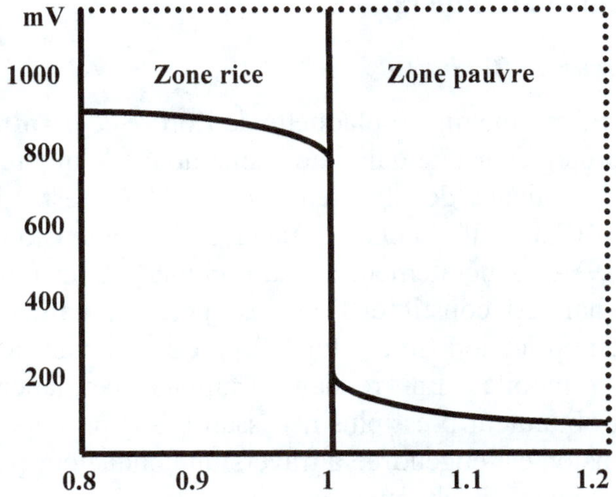

Figure 2.15 : **Caractéristique d'une sonde à oxygène.**

FONCTIONNEMENT

Lorsque la concentration en oxygène des gaz d'échappement en contact avec l'électrode externe est différente de celle de l'air riche en oxygène en contact avec l'électrode interne, une tension électrique proportionnelle à cet écart est générée. Lorsque la sonde est chauffée, la différence de teneur en oxygène entre les gaz d'échappement et l'air extérieur produit une réaction chimique. La tension de sortie varie alors proportionnellement avec la teneur en oxygène des gaz d'échappement : elle augmente pendant que la teneur en oxygène diminue et diminue pendant que la teneur en oxygène augmente. Ainsi :

- pour un mélange riche (pas beaucoup d'oxygène dans les gaz d'échappement), le signal est d'environ **0,8V** et **λ < à 1** ;

- pour un mélange pauvre (beaucoup d'oxygène dans les gaz d'échappement), le signal est d'environ **0,1V** et **λ > à 1**.

Le signal délivré par ce capteur est du type analogique d'une valeur très faible de l'ordre de **1V** et doit être amplifié pour atteindre une valeur acceptable.

II.2.3. Capteurs particuliers

II.2.3.1. Capteur à effet hall

L'élément actif est une mince plaquette de l'ordre de **0.1mm** de cristal actif d'indium protégé par une gaine de résine dotée de quatre électrodes métalliques. La valeur de la tension de hall est directement proportionnelle à l'intensité du champ magnétique. La tension de hall est très faible (0 à1v) et généralement sert à commander un transistor. Un capteur à effet hall est constitué d'une plaquette de hall, d'un circuit électronique d'amplification (transistor NPN), d'un aimant permanent et d'un obturateur mobile. En rendant l'aimant permanent mobile, l'utilisation de l'obturateur n'est plus nécessaire. Son principe repose sur le fait qu'une tension est engendrée à travers un conducteur parcouru par un courant et placé dans un champ magnétique.

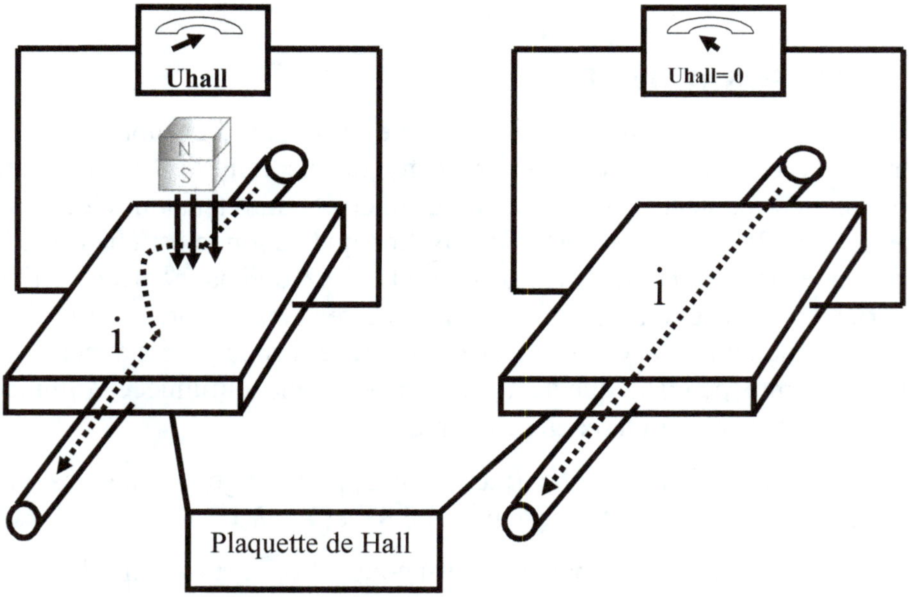

Figure 2.16 .1 : **Rappel sur la création de la tension de Hall.**

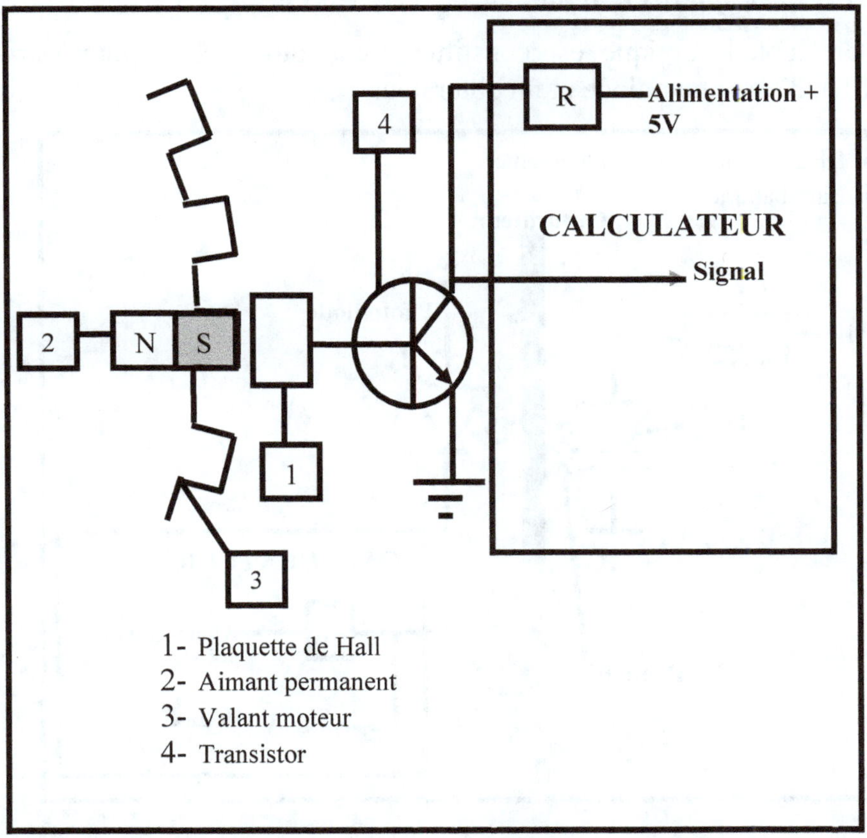

Figure 2.16.2 : **Circuit d'un capteur à effet Hall.**

FONCTIONNEMENT

Lorsque l'aimant permanent est face à l'élément de hall, la tension de hall se manifeste et commande un circuit électronique qui débloque le transistor. Le courant d'alimentation retrouve la masse à travers le transistor et le calculateur perçoit un signal bas ou nul. Lorsque l'aimant permanent n'est plus face à l'élément de hall, la tension de hall devient nulle et le circuit électronique bloque le transistor. Le courant d'alimentation arrive au calculateur et il perçoit un signal élevé.

Quelques capteurs à effet hall :

- capteur de vitesse du véhicule ;
- capteur de position du vilebrequin ;
- capteur de position de l'arbre à cames.

II.2.3.2. Capteurs optiques

Un capteur optique est constitué d'une diode électroluminescente (DEL), d'une photodiode et un obturateur.

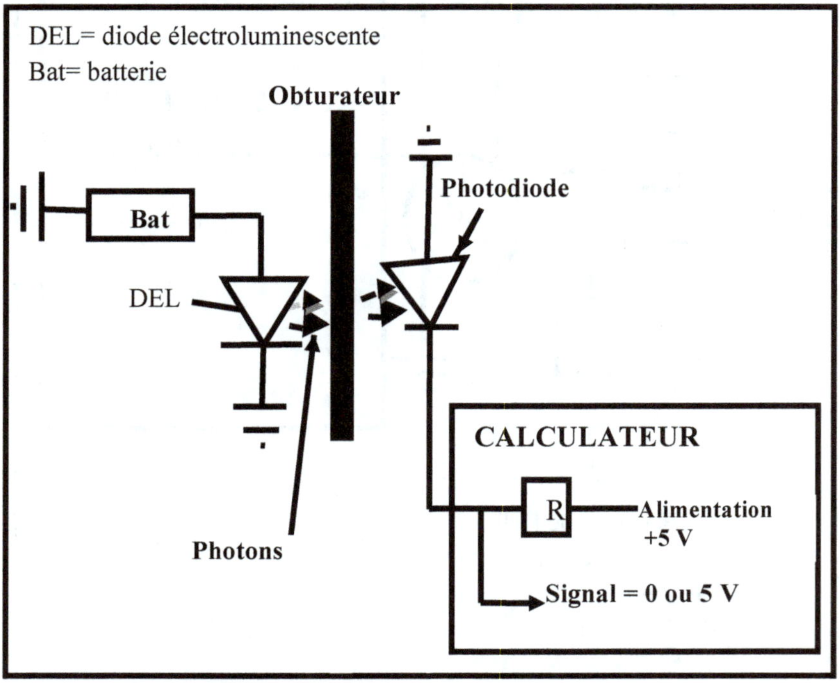

Figure 2 .17 : Circuit d'un capteur optique.

FONCTIONNEMENT

La DEL émet les photons et la photodiode réagit aux photons. Lorsque l'énergie lumineuse émise par la DEL frappe la photodiode, celle-ci se débloque et raccorde la tension d'alimentation à la masse ; le calculateur perçoit un signal de niveau bas (0v). Dès que l'obturateur bloque le passage à la lumière, la photodiode se bloque et ouvre le circuit ; la tension d'alimentation n'atteint plus la masse et le calculateur perçoit un signal de niveau haut (5v).

CHAPITRE III :

EXPLOITATION DES CAPTEURS

Pour les programmer, il faut connaître la nature des capteurs donton dispose. Dans l'environnement de la programmation, les capteurs sont regroupés en deux types :

- les capteurs tout ou rien ;
- les capteurs à signal ratiométrique ou analogique.

Le choix du type et de la famille des capteurs dépend de la grandeur physique à mesurer, de la situation du problème que l'on souhaite automatiser ou du constructeur.

III.1. CAPTEURS À SIGNAUX TOUT OU RIEN ET EXPLOITATION DU COMPTEUR

III.1.1. Capteurs à signaux tout ou rien

Ce sont les capteurs qui établissent un contact électrique lorsque l'énergie de la grandeur mesurable a atteint le seuil prédéfini. Ce sont tous les capteurs à contacteur ou ceux dont le fonctionnement est similaire à celui d'un contacteur (un capteur optique). On peut remplacer un capteur tout ou rien par un simple interrupteur électrique lors d'un test de fonctionnement et obtenir le même résultat. Un capteur tout ou rien possède deux états logiques : « un » ou « zéro ». L'état logique « un » correspond à un niveau élevé et l'état logique « zéro » correspond à un niveau bas. En pratique, pour une alimentation de référence de 5v : l'état logique « un » correspond à une tension de 5v (le courant passe) et l'état logique «0» correspond à une tension nulle (le courant ne passe pas).

Le signal émis par un capteur « tout ou rien » est reconnu par le calculateur auquel il est directement connecté (figures 2.3 et 2.4).

III.1.2. Exploitation du compteur

Le compteur fait partie du calculateur. Il compte les impulsions afin d'établir une durée. Dans un premier temps, il fait la somme des impulsions d'entrée et dans un deuxième temps, il établit une durée.

Exemple de branchement de capteur avec un compteur.

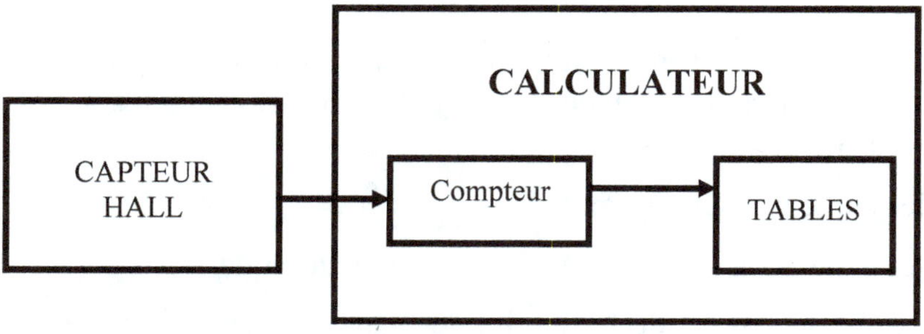

EXEMPLE : EXPLOITATION DE L'EFFET HALL POUR LA DÉTERMINATION DE LA VITESSE DU VÉHICULE

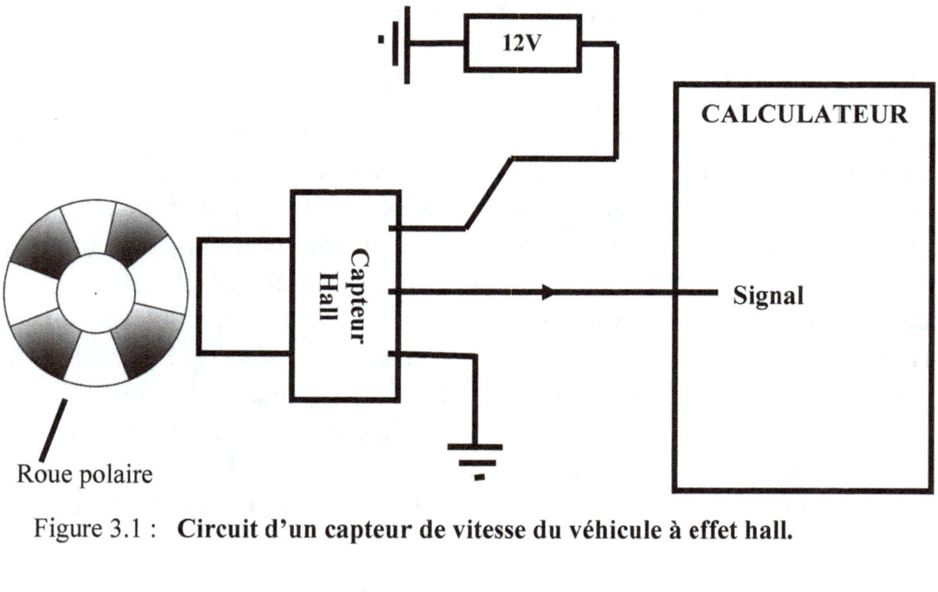

Figure 3.1 : **Circuit d'un capteur de vitesse du véhicule à effet hall.**

La roue polaire est montée sur l'arbre de sortie de la boîte de vitesse. En tournant, elle fait passer successivement devant l'élément de hall un pôle nord et un pôle sud ; le courant délivré par la plaquette change donc de sens alternativement. Le circuit intégré amplifie le signal et délivre au calculateur un signal carré dont le seuil haut correspond à un sens de courant de la plaquette, et le seuil bas le sens inverse.

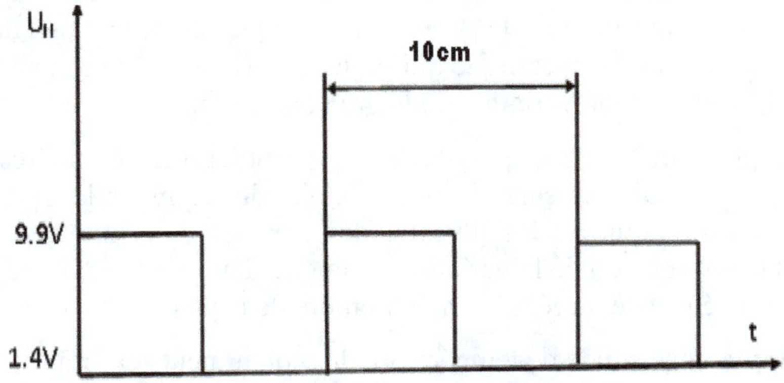

Figure 3.2 : **Caractéristique du signal délivré par un capteur hall.**

La fréquence du signal est proportionnelle à la vitesse de la roue polaire. On sait que le capteur délivre quatre paires de pôles et si dans le programme, on établit que :

- quatre tops par tour de la roue polaire (figure 3.1) ;
- un top est égal à une paire de pôles ;
- cinq tops par mètre parcouru ;
- un top est égal à 10 cm (0.1m),

alors pour avoir la vitesse du véhicule, il suffit de compter le nombre de tops, d'où la nécessité d'utiliser un calculateur ayant un **compteur**.

Exemple : si le capteur produit 50 tops en une seconde,

alors, la vitesse est égale à 50X10 = 5OOcm = 5 m

Le véhicule roule à 5m/s soit 5x3600= 18km/h.

III.2. CAPTEURS À SIGNAUX RATIOMÉTRIQUES ET EXPLOITATION DU CONVERTISSEUR ANALOGIQUE-NUMÉRIQUE

III.2.1. Capteurs à signaux ratiométriques

Les capteurs à signaux ratiométriques sont les capteurs qui produisent des signaux proportionnels à l'énergie de la grandeur mesurable. Ils produisent les signaux analogiques. Le signal analogique est une tension comprise entre la tension de référence maximale (Vref+) et la tension de référence minimale (Vref-). Pour programmer avec un capteur du type ratiométrique, il faut disposer de sa courbe caractéristique qui est généralement fournie par le fabricant. Chaque capteur possède une courbe caractéristique spécifique qui indique la variation de son signal de sortie en fonction de la variation de la grandeur mesurée.

Un capteur ratiométrique possède une particularité très intéressante, car avec un seul capteur, il est possible de commander plusieurs actionneurs, en utilisant les niveaux des signaux émis par celui-ci et disponible en fonction de la variation de la grandeur mesurée. Il engendre comme conséquence, la réduction du nombre de capteurs.

Exemple : une sonde de température du moteur peut servir à :

- la commande de l'affichage du niveau de température au tableau de bord ;
- la commande du motoventilateur de refroidissement ;
- la commande de l'injecteur de départ à froid ;
- la commande de l'allumage.

L'exploitation d'un capteur ratiométrique demande un convertisseur analogique-numérique pour rendre ses signaux valides au niveau du calculateur (figure 3.3).

Le signal numérique est naturellement proportionnel au signal analogique. Pour que le signal numérique soit proportionnel à la variation de la grandeur physique mesurable, ceci demande un dimensionnement préalable du capteur. Lors d'une intervention, toujours se référer aux caractéristiques indiquées par le constructeur, au risque d'engendrer des retards ou des avances au niveau de la commande des actionneurs.

III.2.2. Exploitation du convertisseur analogique-numérique

Les calculateurs ne reconnaissent que les signaux représentés sous la forme binaire : 0 ou 1. Les signaux analogiques émis par certains capteurs ne sont pas compris. Pour les rendre compréhensibles par les calculateurs, ces signaux doivent être convertis en signaux numériques et pour cela, on utilise un convertisseur analogique-numérique. Il peut être intégré au calculateur, au capteur ou un circuit intégré indépendant, intermédiaire entre le capteur et le calculateur.

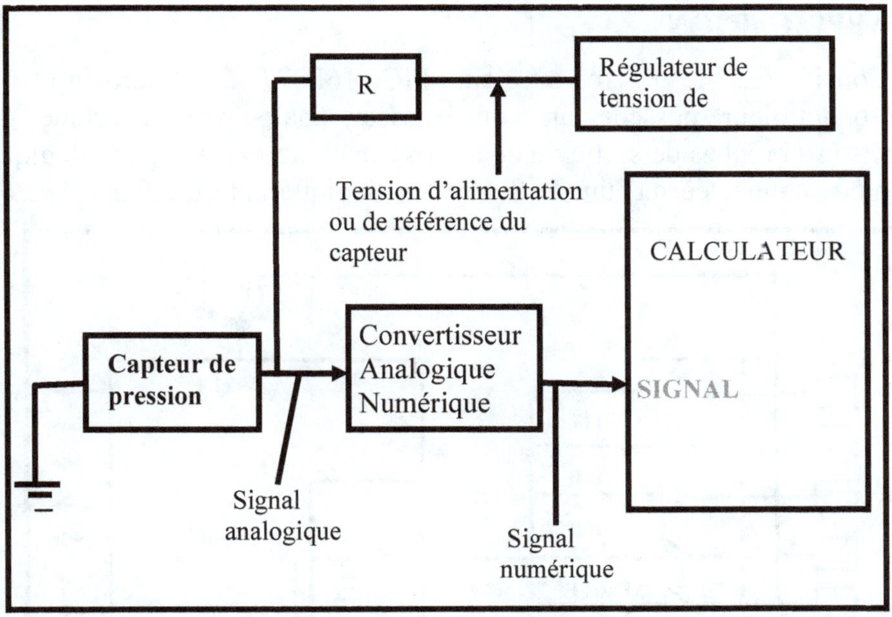

Figure 3. 3 : **Branchement d'un capteur analogique ou ratiométrique.**

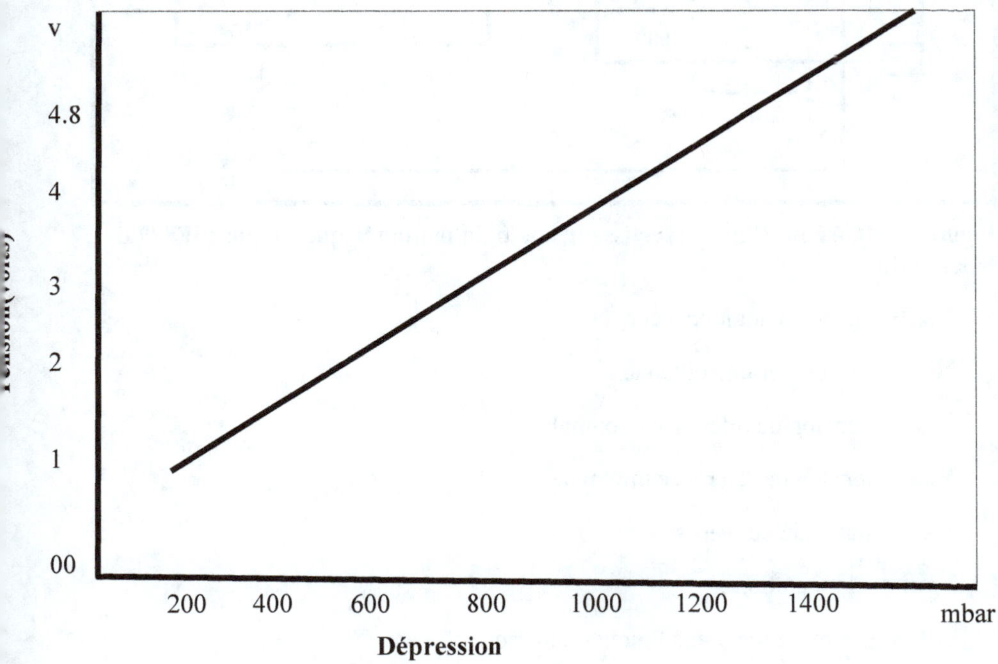

Figure 3.4 : **Caractéristique d'un capteur analogique de dépression piézorésistif.**

APPLICATION

Considérons le microcontrôleur PIC 16F877 de Microchip. Ce microcontrôleur possède un convertisseur analogique-numérique de 10bits (10 broches de sortie du convertisseur) dont une entrée analogique peut être connectée surl'unedes8entréesanalogiquesexternes (RE1, RE...).

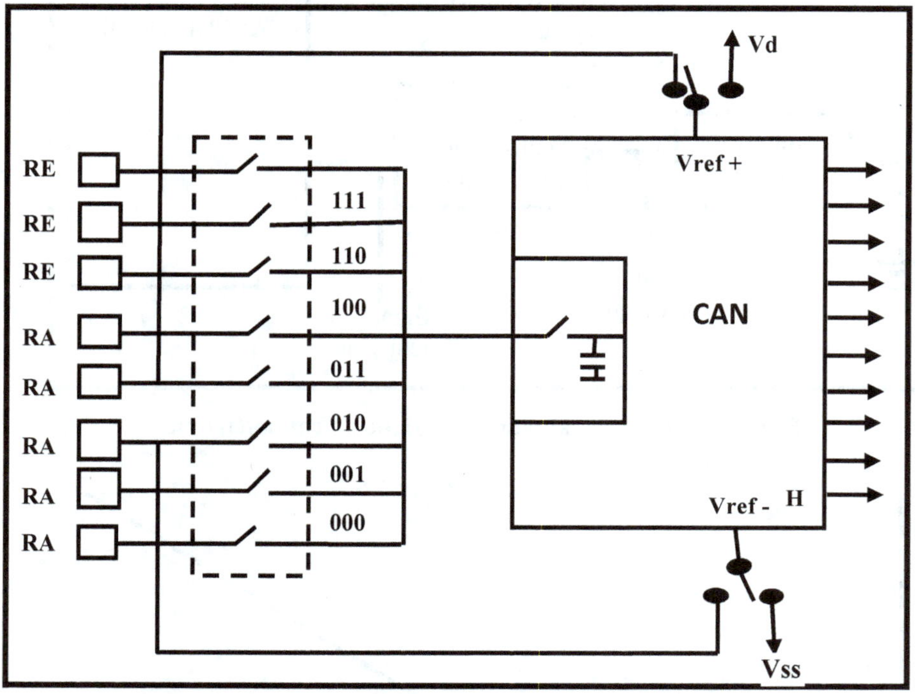

Figure 3.5 : **Circuit d'un convertisseur analogique numérique du pic 16F877 de Microchip.**

V_{in} = tension analogique à convertir ;

N = valeur numérique obtenue ;

V_{ref+} = tension de référence maximale ;

V_{ref-} = tension de référence minimale ;

Vss = masse du convertisseur ;

Vdd = alimentation ;

CAN = convertisseur analogique-numérique ;

H = horloge.

Le convertisseur peut effectuer 2^{10} = 1024 combinaisons de sortie comprises entre 0 et 1024. Considérons que le capteur de pression d'admission connecté à une des broches d'entrée du convertisseur (RA1) est alimenté sous une tension de référence maximale ou d'alimentation de +5v et que V_{ref-} = Vss(OV). Prélevons sur la courbe caractéristique les pressions et les tensions correspondantes, puis calculons les valeurs numériques correspondantes.

N = valeur entière de (Vin− V_{ref-})/Q

Q = pas de quantification

Pression prélevée	200	400	600
Signal analogique correspondant	1	1.5	2
Valeur numérique correspondante	2O4	307	409
Code binaire	11001100	100110011	110011001

III.3. TRANSFORMATION D'UN CAPTEUR À SIGNAL RATIOMÉTRIQUE EN UN CAPTEUR À SIGNAL TOUT OU RIEN

Certains montages en logique câblée permettent la transformation d'un capteur ratiométrique en capteur tout ou rien. L'exemple d'un de ces montages est celui obtenu à partir d'un comparateur de tension comme élément central (figure 3.6). Le but de ce genre de montage est la transformation d'un signal analogique en tout ou rien. Le circuit est constitué d'un comparateur de tension, des résistances, d'une diode zéner, d'un relais avec diode de roue libre. Le circuit ci-dessous est celui de la commande d'un circuit de refroidissement.

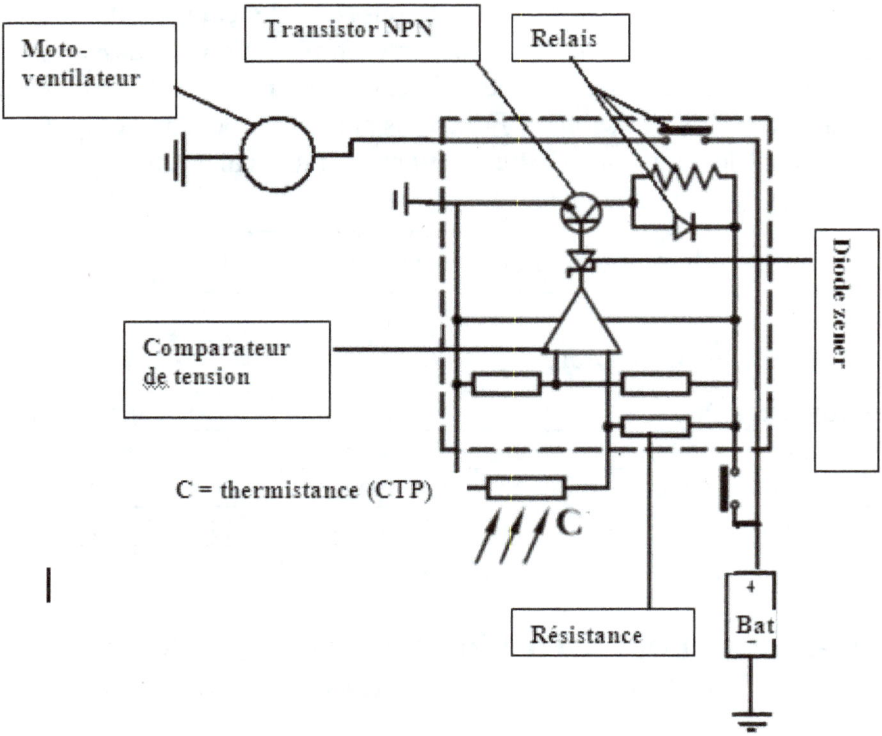

Figure 3.6 : **Circuit de conversion d'un capteur ratiométrique en tout ou rien.**

FONCTIONNEMENT

La thermistance est un capteur ratiométrique. Le but est d'obtenir un signal tout ou rien à la sortie du relais. Pour ce faire, le module intermédiaire au motoventilateur va jouer ce rôle. La résistance de la thermistance augmente avec la température du moteur. Lorsque la température du moteur atteint un certain seuil, le comparateur débloque le transistor, le relais se ferme et le motoventilateur se met en marche. Lorsque la température diminue, le comparateur bloque le transistor qui coupe l'alimentation du relais et le motoventilateur s'arrête. Le relais a donc deux positions : « fermé ou ouvert », commandéespar la thermistance. La sortie du relais peut donc être connectée au calculateur et celui-ci lira deux valeurs (1ou 0) selon les deux états de fonctionnement du relais (ouvert ou fermé).

III.4. ÉTUDE ET EXPLOITATION DE L'AMPLIFICATEUR

III.4.1. Étude de l'amplificateur

C'est un circuit intégré avec un boîtier de 5 à 8 broches de forme circulaire ou rectangulaire.

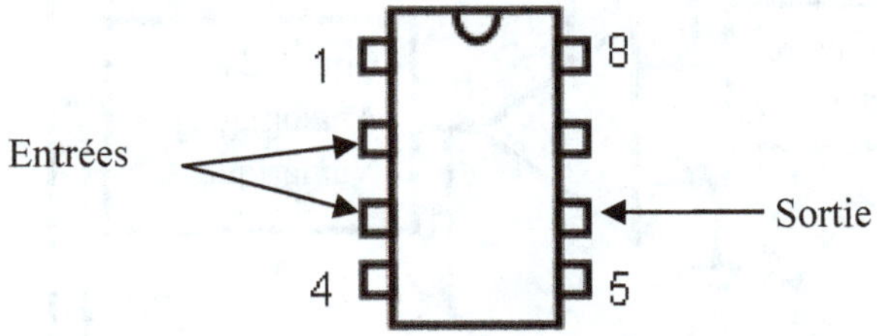

Figure 3.7 : **Exemple deboîtier amplificateur opérationnel.**

L'amplificateur doit augmenter le signal faible en conservant toutes les caractéristiques du signal de départ. Généralement, ce sont les amplificateurs opérationnels qui sont utilisés (figure 3.9). Mais il existe des variétés d'amplificateurs.

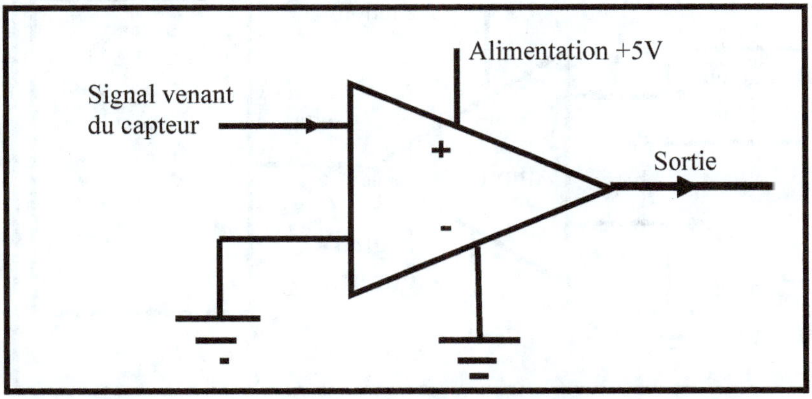

Figure 3.8 : Symbole de l'ampli-op.

FONCTIONNEMENT

Le rapport d'amplification est défini par le fabricant ; pour un amplificateur ayant un rapport d'amplification de 10, la tension de départ sera divisée par 10 et chaque division correspondra à un niveau d'amplification à la sortie de l'amplificateur. Par exemple : pour un capteur produisant une tension maximale de 1V, pour un rapport de 10 de l'amplificateur, 0.1V du capteur correspondra à 1V à la sortie de l'amplificateur. Lorsque la tension de sortie tend vers la tension d'alimentation, on dit que l'amplificateur est saturé.

III.4.2. Exploitation de l'amplificateur

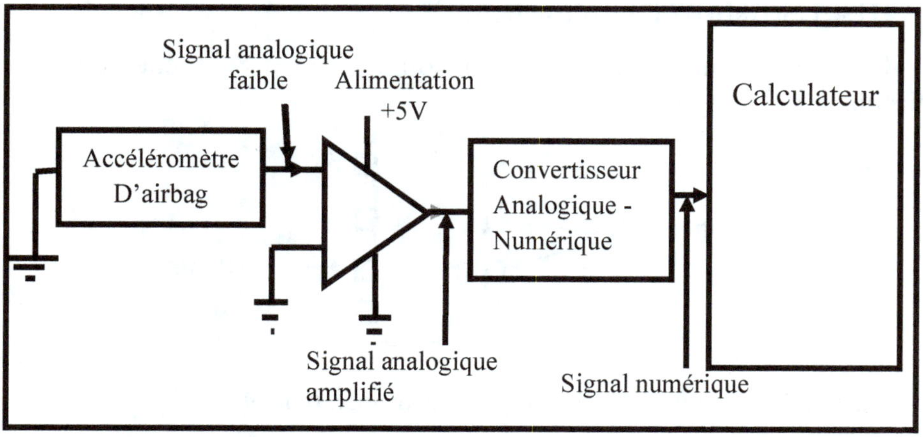

Figure 3.9 : Branchement d'un capteur produisant un signal analogique faible.

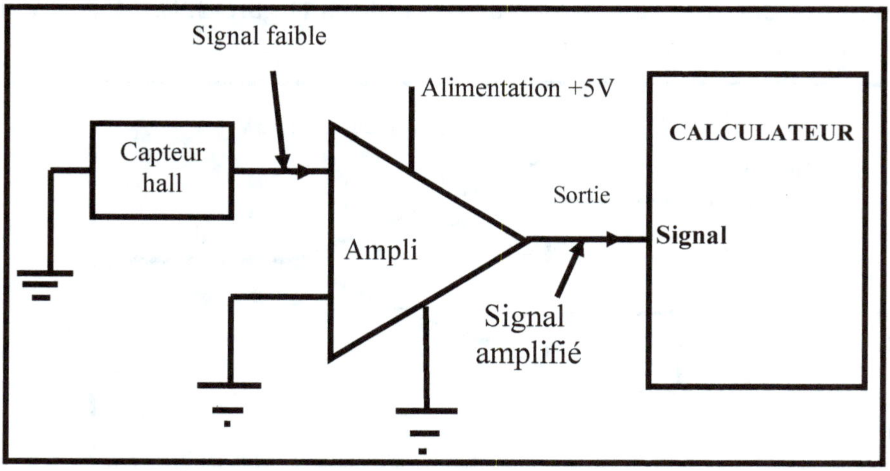

Figure 3.10 : Branchement d'un capteur produisant un signal tout ou rien faible.

Lorsque le signal délivré par un capteur est trop faible, l'on utilise un amplificateur opérationnel pour augmenter la tension. Pour chaque tension délivrée par le capteur, l'amplificateur opérationnel augmente proportionnellement cette tension. Selon le capteur, le signal après amplification peut être converti en signal numérique par un convertisseur analogique-numérique ou être directement envoyé au calculateur pour exploitation (figures : 3.9 et 3.10).

CHAPITRE IV :

PROGRAMMATIONS ET CAPTEURS

La complexité du programme dépend aussi de la nature des capteurs utilisés. Chaque type de capteur (ratiométrique ou tout ou rien) offre ses avantages et ses inconvenants.

IV.1. PROGRAMMATION AVEC UN CAPTEUR TOUT OU RIEN

Ce capteur simplifie la programmation, mais est moins efficace pour la mesure parce que son signal n'a que deux niveaux « 0 ou 1 » qui sont directement des valeurs numériques. Souvent, certains capteurs tout ou rien nécessitent l'utilisation d'un ressort comme un élément intermédiaire qu'il faut tarer pour donner une précision à la fermeture du contact et dont la fatigue influe directement sur le seuil de fermeture et la commande du calculateur. Observons le capteur de dépression tout ou rien de la figure ci-dessous :

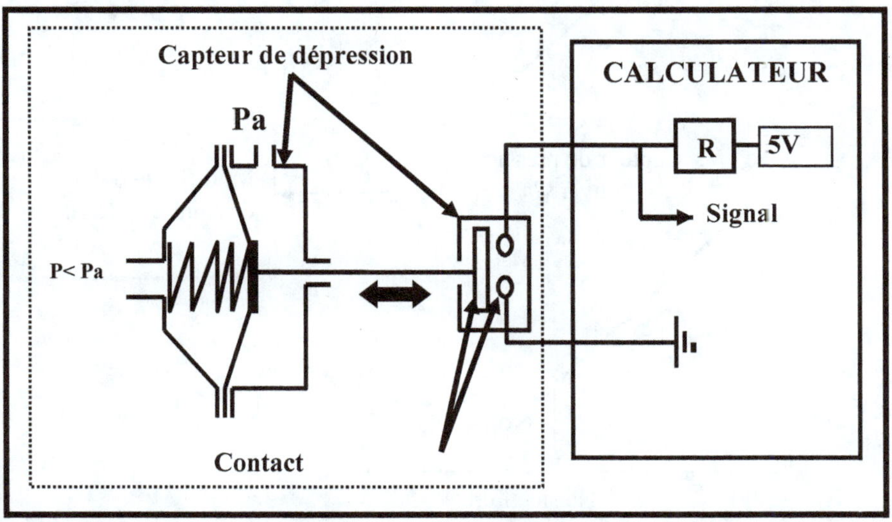

Pa = pression atmosphérique ;

P = dépression

Figure 4.1 : **Circuit d'un capteur de dépression tout ou rien.**

FONCTIONNEMENT

Lorsque la dépression est inférieure à un seuil (Pa >p), le contact est fermé et lorsque la dépression est supérieure à un seuil (Pa <p), le contact est ouvert. Le seuil de la fermeture de contact est déterminé par le tarage du ressort et le point d'allumage se modifie une seule fois au cours du fonctionnement du moteur : à l'ouverture du contact.

Présentons à présent une ébauche de mini programme en **français** associée à la modification du point d'allumage en fonction de ce capteur. Pour commencer à rédiger le programme, il faut réaliser l'organigramme ci-contre :

ORGANIGRAMME DE MODIFICATION DU POINT D'ALLUMAGE

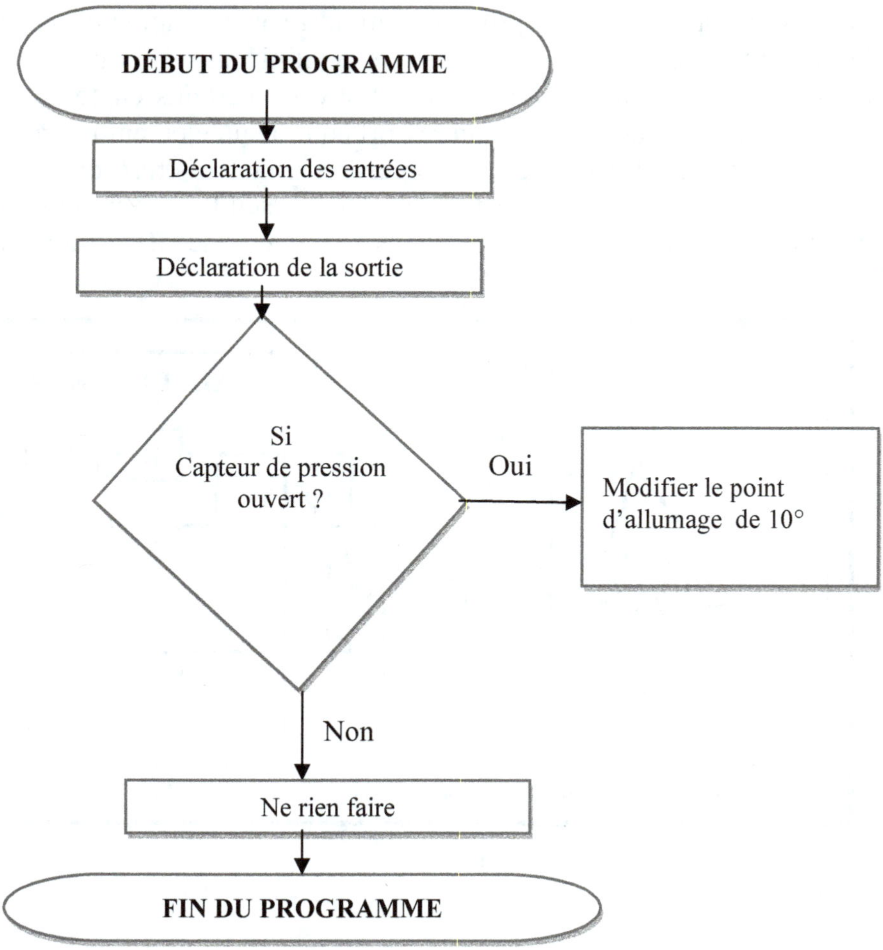

Programme de gestion du point d'allumage associé

Début du programme
Déclaration des entrées
Déclaration de la sortie
Si le capteur de pression à l'entrée est ouvert alors il modifie le point d'allumage de 10° à la sortie
Fin du programme

Écrivons maintenant le programme avec les valeurs binaires

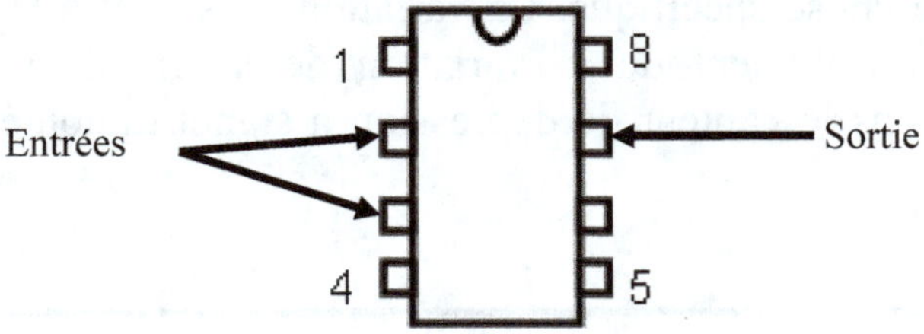

Figure 4.2 : **Entrées et sortie d'un microcontrôleur.**

Ce capteur de dépression peut être connecté au calculateur avec une communication à la masse ou au positif. Le signal perçu sera l'inverse de l'autre suivant le montage. Supposons que ce capteur est connecté à la broche « 4 » et que la modification est possible si un signal existe à la broche « 5 » côté sortie du microcontrôleur à huit broches ci-dessus (figure 4.2).

Programme de gestion du point d'allumage associé

Début du programme
Déclaration des entrées
Déclaration de la sortie
Si le signal de la broche 4 est à « 1 ou 0 » selon que la communication est au positif ou à la masse
Met le signal de la broche 5 à « 1 ». avec (1=5V et 0= 0V)
Fin du programme

Le type de signal délivré par un capteur tout ou rien est adapté au calculateur analogique. Un calculateur est analogique lorsqu'il exploite les tensions électriques pour la commande. Exemple : le calculateur analogique de l'allumage électronique intégral dit de première génération ne possédant pas de convertisseur analogique-numérique.

IV.2. PROGRAMMATION AVEC UN CAPTEUR À SIGNAL RATIOMÉTRIQUE (ANALOGIQUE)

Un signal est ratiométrique lorsqu'il est constitué de plusieurs niveaux. Un capteur produisant ce type de signal rend la programmation complexe, mais est très satisfaisant pour la mesure et la commande, car son signal découpé en plusieurs niveaux, chaque niveau peut servir à la commande d'une chose spécifique. La variation du signal à la sortie du capteur dépend absolument de la variation de la grandeur physique mesurée. Supposons le capteur de dépression à signal radiométrique ci-dessous :

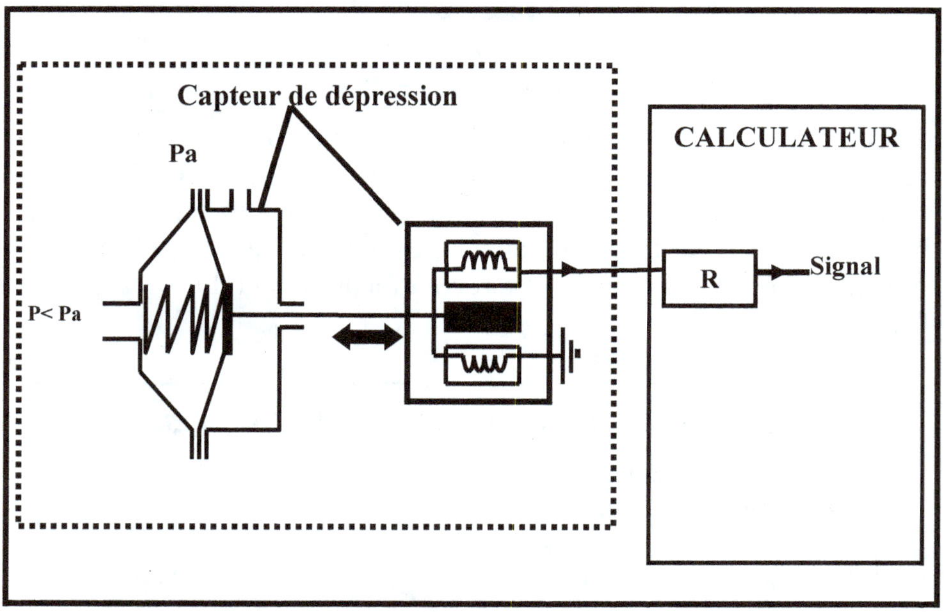

Figure 4.3 : **Circuit d'un capteur de dépression analogique.**

FONCTIONNEMENT

Le signal généré par le capteur est proportionnel à la dépression disponible dans le capteur. Le signal augmente avec la dépression et diminue avec la dépression.

Présentons à présent une ébauche de mini programme en **français** associé à la modification du point d'allumage en fonction de ce capteur. Pour commencer à rédiger le programme, il faut réaliser l'organigramme.

Supposons que la caractéristique de ce capteur (figure 4.4)ci-dessous est celle adaptée à ce capteur et relevons les signaux en fonction des différences de pression dans le capteur puis calculons les valeurs numériques correspondantes.

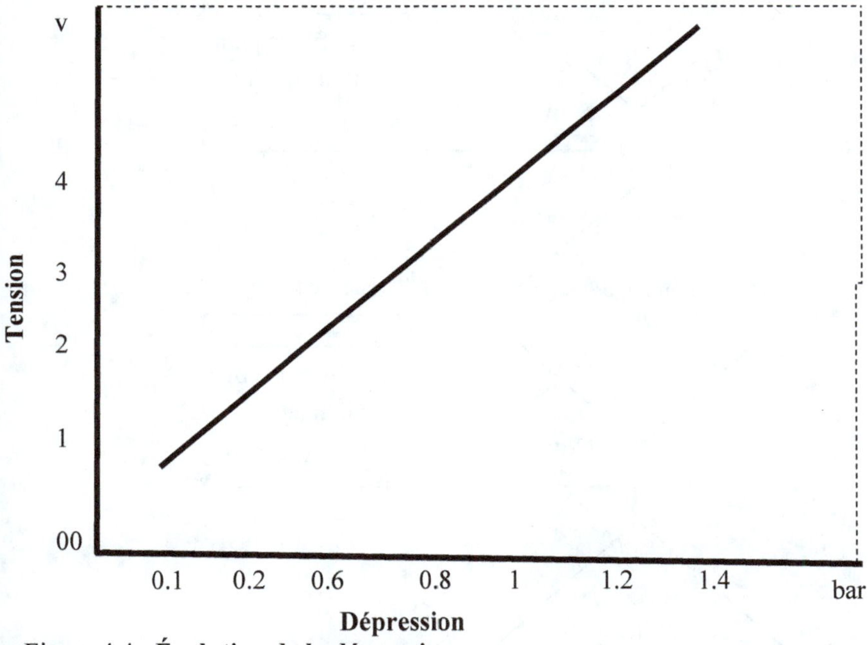

Figure 4.4 : **Évolution de la dépression.**

Dépression prélevée	0	0.1	0.2
Signal analogique correspondant	0.5	1	1.5
Valeur numérique correspondante	102	2O4	307

Figure 4.5 : Exemple de conversion du signal analogique en signal numérique par un convertisseur analogique/numérique.

ORGANIGRAMME DE MODIFICATION

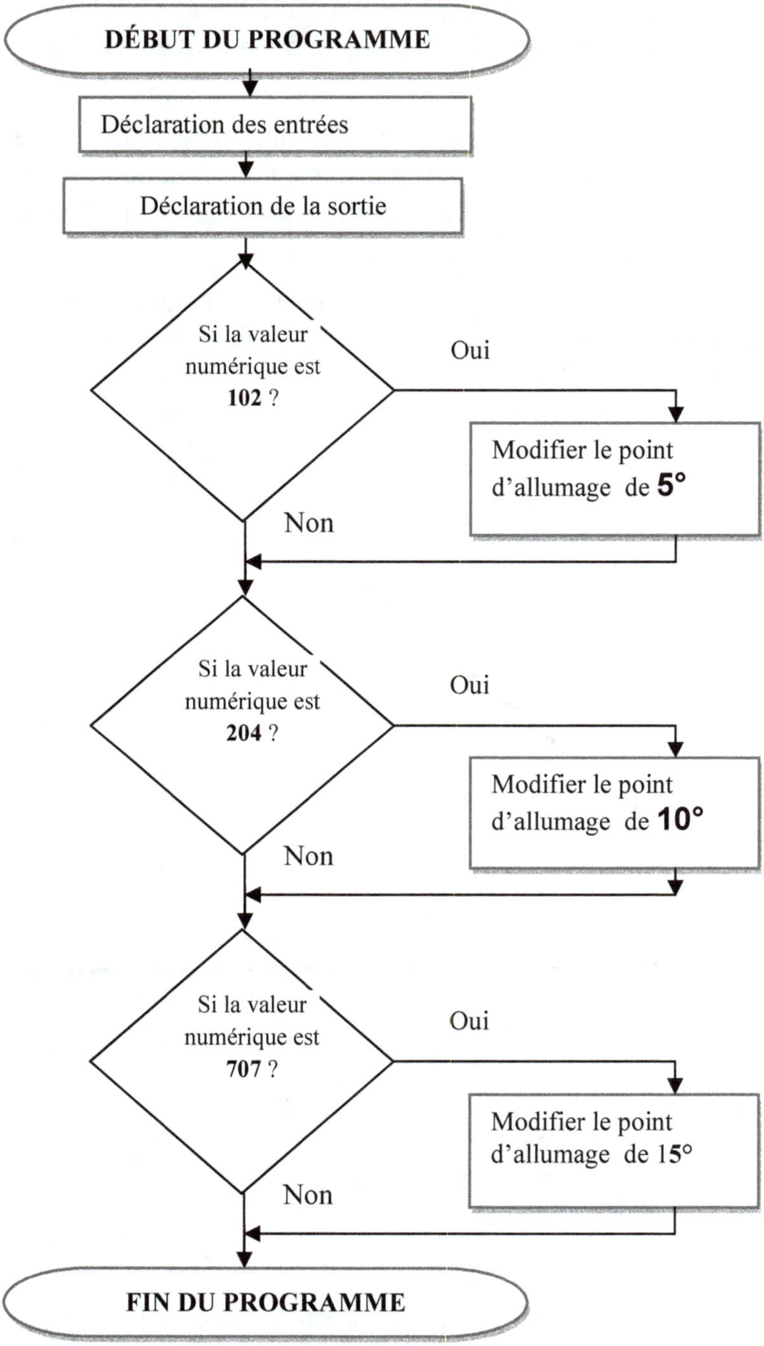

Programme de gestion du point d'allumage associé

Début du programme
Déclaration de l'entrée
Déclaration de la sortie
Si la valeur numérique est 102
Modifie le point d'allumage de 5°
Si la valeur numérique est 2O4
Modifie le point d'allumage de 1O °
Si la valeur numérique est 307
Modifie le point d'allumage de 15 °
Fin du programme

Ce type de signal est adapté au calculateur numérique. Un calculateur est numérique lorsqu'il exploite les valeurs numériques pour la commande. Exemple : le calculateur numérique de l'allumage électronique intégral dit de deuxième génération possédant un convertisseur analogique-numérique.

CHAPITRE V :

LE CALCULATEUR

Un calculateur est un micro-ordinateur, c'est-à-dire un ordinateur en miniature. Il en existe deux types :

- **le microcontrôleur** : c'est un circuit intégré simple dans lequel sont regroupés un microprocesseur et tous les autres composants d'un mini-ordinateur ;
- **le microprocesseur :** c'est un module constitué de plusieurs circuits intégrés (mémoires, microprocesseur, les interfaces entrée et sortie…) montés sur une carte à circuits imprimés.

Un calculateur a un avantage sur l'ordinateur de maison en ce sens qu'il est portatif et peut se loger dans un véhicule. Cet avantage ne lui procure aucune différence en ce qu'il s'agit du traitement des données. La seule différence est qu'en lieu et place de la souris et du clavier sont les capteurs.

V.1. CIRCUITS INTÉGRÉS

Un circuit intégré est une microplaquette de silicium dont chacun des côtés mesure quelques millimètres, sur laquelle sont regroupés : les résistances, les condensateurs, les diodes et les transistors. La microplaquette de silicium est reliée à des pattes ou broches métalliques qui permettent le raccordement à un circuit extérieur. Les circuits intégrés sont commercialisés sous deux formes de boîtier : rectangulaire ou carré, comportant des broches sur chacun de ses côtés et le nombre de broches peut varier entre 8 et 40, voire plus (figure 5.1). La forme demi-circulaire sur le boîtier permet l'identification des broches.

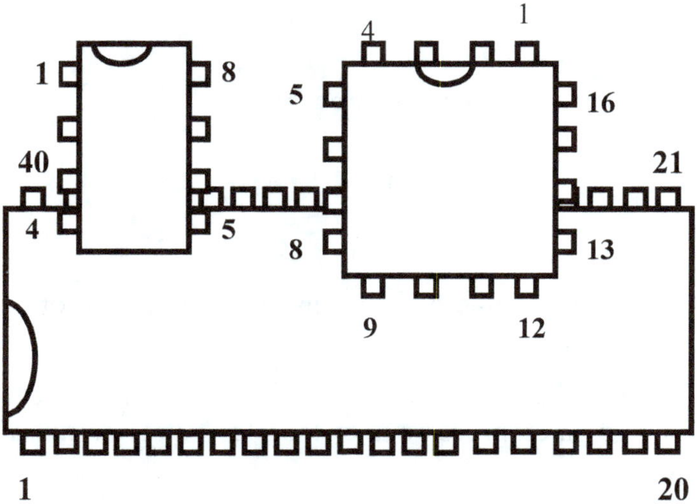

Figure 5.1 : **Différents boîtiers des circuits intégrés.**

Dans un calculateur, plusieurs circuits intégrés peuvent avoir ces formes (microprocesseur, microcontrôleur, les mémoires, l'amplificateur…) et il devient donc difficile de distinguer. Seules les inscriptions marquées sur la face supérieure aident à l'identification dans le manuel du fabricant (Data chip).

V.1.1. Technologie des circuits intégrés

La principale technologie des circuits intégrés est le transistor et il en existe deux types :

- les transistors à effet de champ ou CMOS ;

- les transistors bipolaires classiques ou TTL (transistor transistor logic, NPN ou PNP).

V.1.2. Transistors à effet de champ

Le transistor à effet de champ (TEC) est un semi-conducteur similaire à un transistor bipolaire classique (NPN ou PNP), à la seule différence qu'il ne fonctionne qu'avec les transporteurs de courant d'un seul type : les électrons ou les trous ; ce qui lui procure le nom de transistor unipolaire. Il est constitué :

- d'une source : c'est la borne par laquelle les porteurs de charge pénètrent dans le canal pour créer un courant à travers celui-ci ;

- d'un drain : c'est la borne par laquelle le courant quitte le canal ;

- d’une grille : c’est la borne de commande de la conductance du canal entre la source et le drain ;

- substrat : c’est une électrode qui se connecte à la borne source.

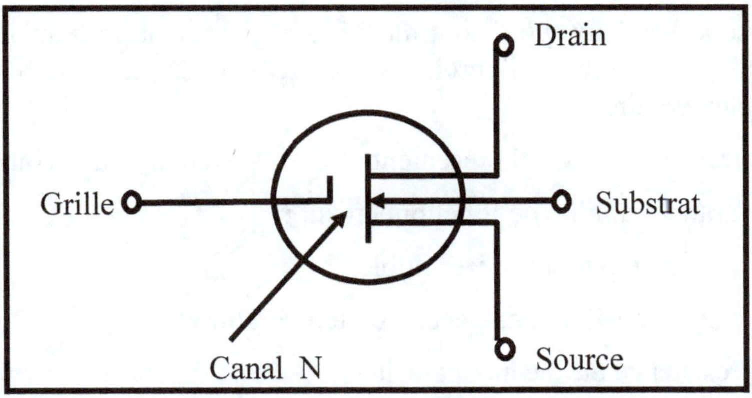

Figure 5.2 : **Un Transistor à effet de champ (TEC).**

FONCTIONNEMENT

Son fonctionnement est similaire à celui d’un transistor bipolaire, à la seule particularité qu’en lieu et place du courant, l’on a une tension qui a une puissance nulle. Alors, lorsqu’une tension est appliquée à la grille, les électrons ou les trous pénètrent dans le canal (N) par la borne source, créent un champ électrique et le courant résultant ressort par l’électrode Drain. À l’intérieur se trouve une couche d’oxyde isolante qui commande le champ électrique dans le canal.

Les transistors à effet de champ à couche isolante sont fabriqués à base d’oxyde de métal et portent l’acronyme « MOSTEC ou TECMOS ».

M = métal

O = oxyde

S = semi-conducteur

T = transistor

E = effet

C = champ

Il en existe deux types :

- NMOS : transistor MOS à canal négatif ;
- PMOS : transistor MOS à canal positif.

Lorsque les deux types sont montés sur une même microplaquette de silicium, on utilise l'acronyme CMOS ; C de MOS signifie « complémentaire ».

Les transistors CMOS présentent plusieurs avantages à savoir :

- grande rapidité de fonctionnement ;
- pertes de puissance très faible ;
- faible sensibilité aux écarts de température ;
- résistance élevée aux parasites.

Les transistors à effet de champ sont sensibles aux décharges dues à l'électricité statique. Pour intervenir sur une automobile équipée de calculateurs qui ont des circuits intégrés possédant ces transistors, il est recommandé le port de bracelets et l'usage de tapis antistatiques.

V.2. PRINCIPAUX COMPOSANTS D'UN CALCULATEUR

Un calculateur est constitué de :

- un microprocesseur ;
- mémoires
- horloge ;
- compteurs ;
- interfaces d'entrées et de sorties.

Le constructeur peut ajouter à ces éléments divers autres composants en fonction des besoins tels que : le convertisseur analogique-numérique, l'amplificateur, les interfaces d'entrées et de sorties et bien d'autres.

V.2.1. Le microprocesseur

Un processeur est un ensemble de fonctions ou un ensemble de mémoires. Il peut être un séquenceur, une mémoire, une unité arithmétique et logique (...). Un microprocesseur est donc un ensemble de processeurs regroupés sur un circuit intégré. C'est l'intégration d'une unité de commande (UC) et d'une unité arithmétique et logique (UAL) sur une microplaquette. L'unité de commande appelle les données nécessaires, commande les entrées et les sorties, rythme et régit le déroulement du travail ; bref il exécute les instructions du programme en mémoire. L'unité arithmétique et logique effectue les opérations arithmétiques et logiques sur les données venant de l'accumulateur, d'un registre ou toute autre mémoire.

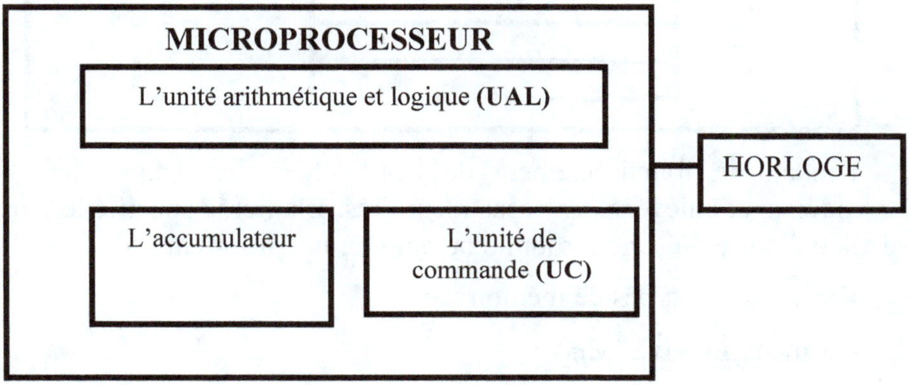

Figure 5.3 : **Structure d'un microprocesseur.**

Fonctionnement de l'UAL

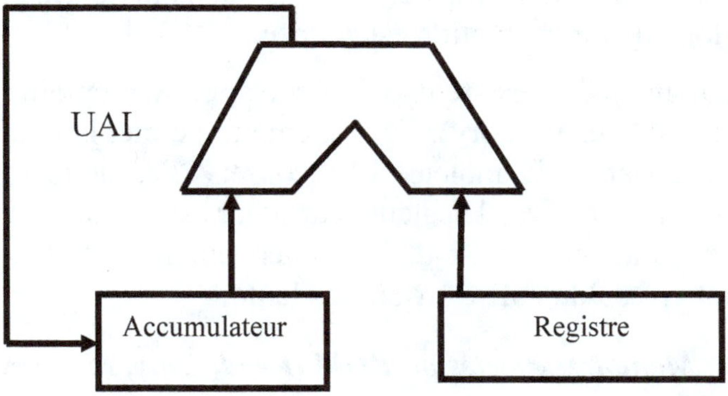

Figure 5.4 : Schéma de fonctionnement d'un microprocesseur.

Les opérations arithmétiques venant des mémoires pénètrent dans l'UAL pour le traitement. Tout résultat intermédiaire est stocké dans le registre nommé accumulateur. Tout nouveau résultat qui arrive dans l'accumulateur annule les données antérieures.

V.2.2. Les mémoires

Les mémoires permettent de stocker le programme et de mémoriser temporairement les données venant des dispositifs d'entrée ou obtenues pendant le traitement. Une mémoire est constituée d'adresse et de case.

Pendant le fonctionnement de l'ordinateur, les informations sont introduites et enlevées des cases mémoires. L'adresse spécifie le numéro de la mémoire où sera introduite ou enlevée une information.

Il existe deux types de mémoires :

- la mémoire vive (MEV) ;
- les mémoires mortes (MEM).

V.2.2.1. La mémoires vives ou RAM (Random, Access, Memory)

C'est dans cette mémoire que le microprocesseur stocke temporairement les données. Les données disparaissent dans ce type de mémoire lorsque l'alimentation est coupée.

Sur l'automobile, il existe une variante appelée mémoire vive durable KAM (Kept, Alive, Memory). Cette mémoire permet la perte de données à la suite de l'arrêt du moteur. Elle conserve les données tant que la batterie est branchée avec le calculateur. Pour assurer son alimentation en permanence, une deuxième batterie, généralement de faible capacité, est installée au niveau du coffre arrière de l'auto.

V.2.2.2. Mémoires mortes ou ROM (Read, Only, Memory)

Les données sont conservées dans cette catégorie de mémoires même en l'absence de l'alimentation. Elle sert à la conservation du programme, des réglages et des stratégies de fonctionnement que le microprocesseur doit utiliser. Les calculateurs de l'automobile en possèdent deux : une première qui conserve les données du fabricant et une deuxième destinée au programme. Il existe plusieurs variétés de mémoires mortes :

- **la ROM** : celle-ci est programmée uniquement par le fabricant des calculateurs ;
- **la PROM** (Programmable ROM) : c'est une mémoire destinée à l'utilisateur. Celle-ci est programmable et, une fois programmée, elle n'est plus effaçable. La mémoire de l'utilisateur est programmée par le constructeur automobile pour loger le programme conçu pour faire fonctionner son système ;
- **l'EPROM** (Erasable PROM) : c'est une mémoire destinée à l'utilisateur. Elle est effaçable par des rayons ultraviolets et est reprogrammable ;
- **l'EEPROM** (Electronically, Erasable, programmable ROM) : c'est la mémoire de l'utilisateur la plus évoluée. Elle est effaçable électriquement et peut être reprogrammée plusieurs fois. Ce type de mémoire évite le remplacement du calculateur lorsque le programme est à l'origine de la panne. Il suffit juste de l'effacer et de le reprogrammer pour que le calculateur retrouve son fonctionnement normal. La reprogrammation dans ce cas se fait via un modem ou un CDROM raccordé au calculateur.

V.2.3. L'horloge

L'horloge peut être interne ou externe. L'horloge externe est constituée d'un oscillateur à quartz ou à circuit intégré. Avec l'oscillateur à quartz, on obtient des fréquences élevées par rapport à un circuit intégré. C'est l'horloge qui définit la fréquence et la puissance du processeur. Tous les processeurs fonctionnent avec un signal d'horloge. La fréquence se donne en Hertz.

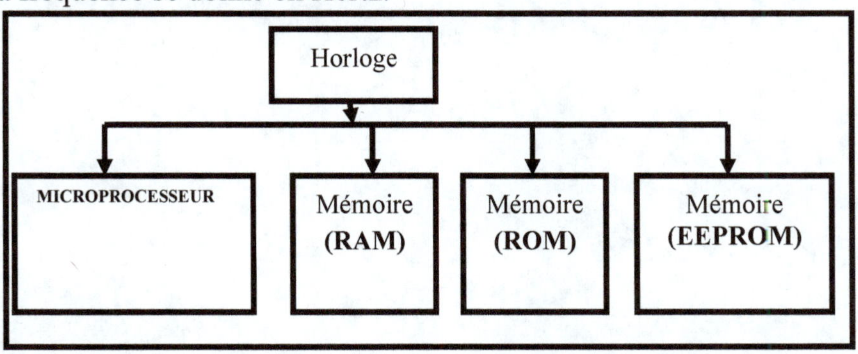

V.2.4. Les interfaces d'entrées et de sorties

C'est sur ce module que les capteurs et les commandes des actionneurs sont connectés. Il permet de faire entrer les informations dans le calculateur et de faire sortir les informations du calculateur.

V.3. TYPE DE CALCULATEUR

V.3.1. Calculateur à microcontrôleur

Lorsque le calculateur possède un microcontrôleur, il est constitué *a priori* d'un circuit intégré principal contenant tous les éléments d'un mini-ordinateur, plus les ports d'entrées et de soties. À côté, le constructeur peut associer un circuit à quartz ou à condensateur faisant office d'horloge externe qui fixe la fréquence du microcontrôleur définissant ainsi la puissance de ce dernier. Ces deux composants (microcontrôleur et l'horloge externe) regroupés sur un circuit imprimé, suffisent pour constituer un calculateur fonctionnel (figure 5.7). Toutefois, lorsque la sortie demande une grande puissance électrique, l'incorporation d'une commande de sortie dans le calculateur est indispensable. Le circuit ci-dessous illustre l'exemple d'un calculateur à microcontrôleur. L'horloge est externe et est du type à quartz. Même s'il existe une horloge externe, il ya toujours une horloge interne réalisée par le fabricant du microcontrôleur.

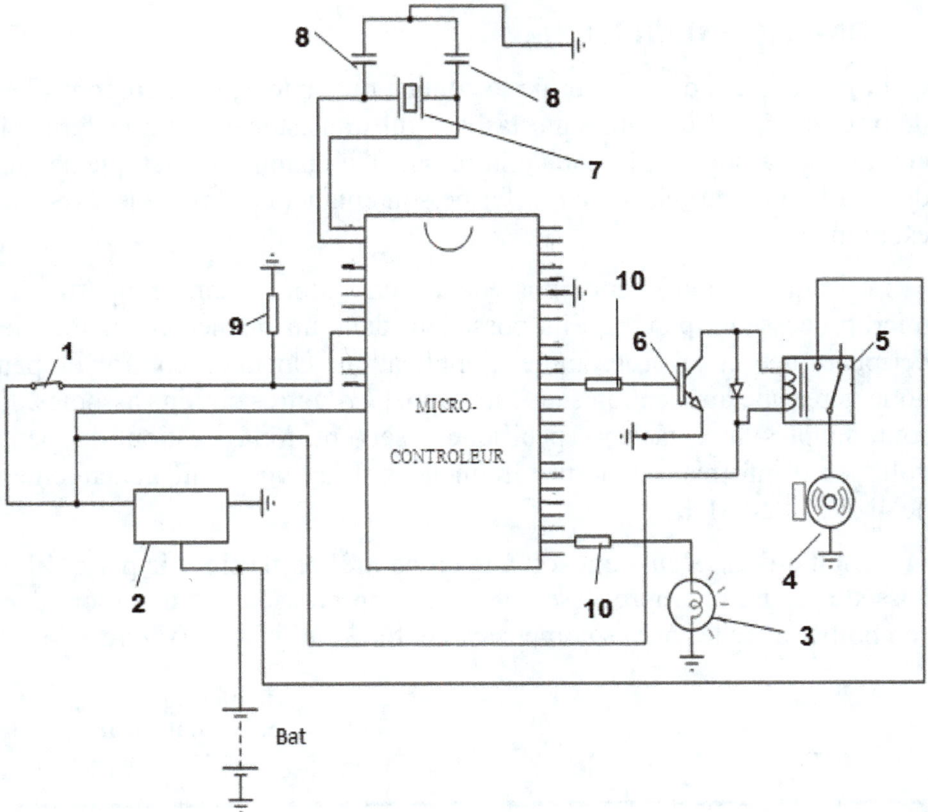

Figure 5.5 : **circuit lève-vitre automatique avec calculateur à microcontrôleur**

1- capteur à contacteur de commande ; ;
2- Régulateur de tension
3- Lampe témoin du tableau de bord ;
4- Moteur lève-vitre ;
5- Relais de commande ;
6- Transistor de commande de sortie ;
7- Quartz ;
8- Condensateurs de déparasitage ;
9- Résistances chutrices ;
10- Résistance protectrice ;

FONCTIONNEMENT

Lorsque le conducteur ferme le contact du capteur, le microcontrôleur délivre un signal qui alimente la base du transistor et celui-ci ferme le courant de la bobine du relais à la masse. Un champ magnétique se crée dans la bobine du relais, ce qui ferme son contact et le moteur lève-vitre est alimenté.

Les microcontrôleurs possèdent un atout par rapport aux microprocesseurs parce qu'ils possèdent dans un même boîtier tous les périphériques et le programme d'application. Un microcontrôleur peut donc gérer une application sans faire appel à d'autres circuits associés. Ils sont adaptés aux tâches spécifiques, servent à la gestion de petits volumes d'information. Leurs fréquences d'horloge vont généralement de 4MHZ à 20 MHZ.

Le fait qu'un calculateur soit à microcontrôleur ne signifie pas qu'il ne possède pas un microprocesseur. Son microprocesseur est incorporé dans son boîtier avec les autres composants et relié par des bus (figure 5.6).

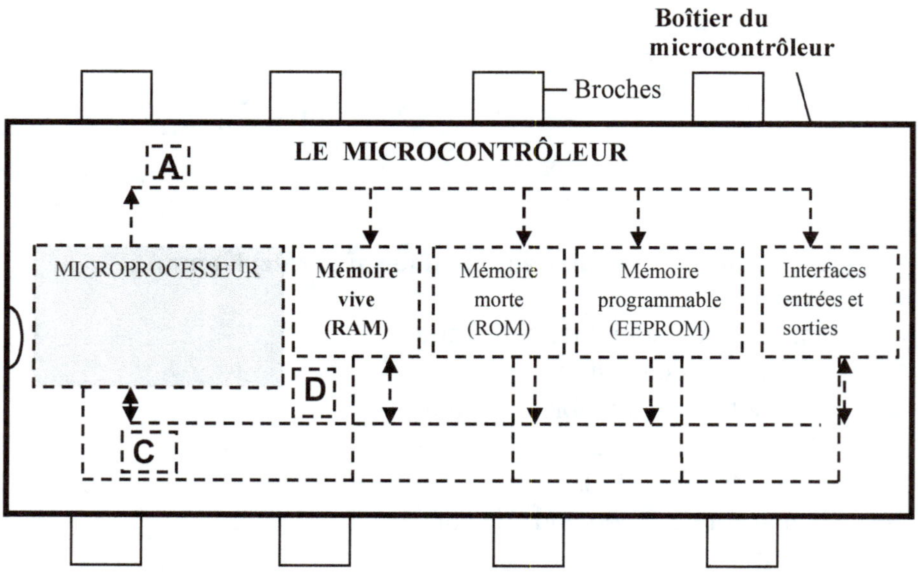

Figure 5.6 : Structure d'un microcontrôleur.

A = Bus d'adresse

C = Bus de commande ou de contrôle

D = Bus de donnée

V.3.2. Calculateur à microprocesseur

Dans un calculateur à microprocesseur, les mémoires, le microprocesseur sont des circuits intégrés indépendants reliés par des bus qui sont des conducteurs visibles. Chaque composant peut être enlevé et remplacé (figure 5.7).

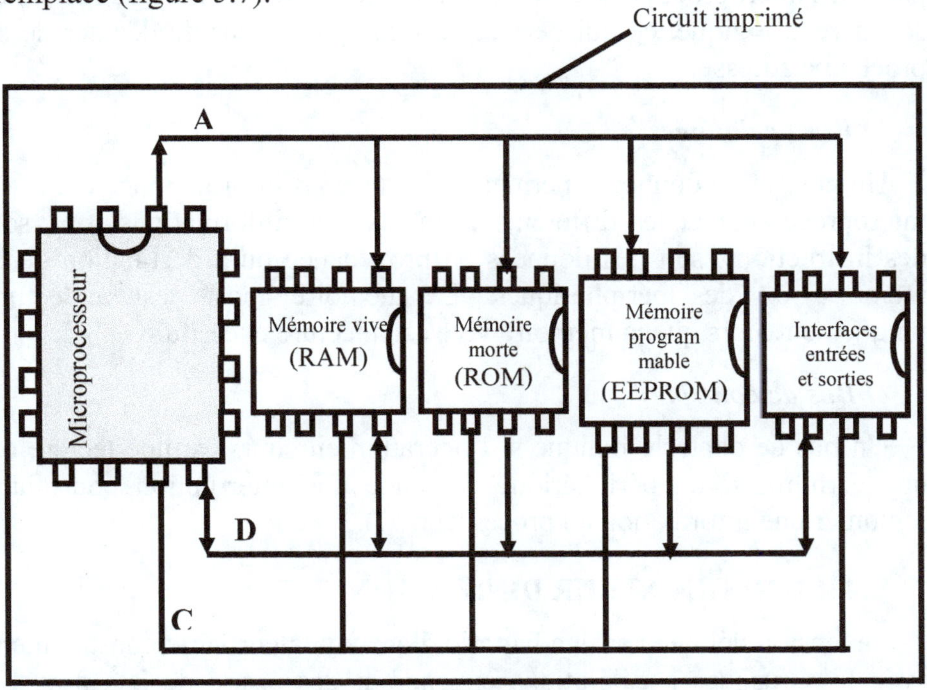

Figure 5.7 : Structure d'un calculateur à microprocesseur.

A = bus d'adresse

C = bus de commande ou de contrôle

D = bus de données

Le calculateur à microprocesseur permet la gestion d'un système qui génère beaucoup d'informations : le système d'injection moteur avec ses multiples capteurs par exemple. Sa fréquence d'horloge est proche de celui de l'ordinateur familial, voire même plus. Tout calculateur à microprocesseur possède la structure ci-dessus. Cependant, les bus établissent des liaisons et comportent plusieurs conducteurs. Chaque conducteur peut être au niveau logique bas ou au niveau logique haut. Le niveau logique haut se situe entre 2.5V et 5V et correspond à « 1 » alors que le niveau logique bas se situe entre 0V et 2.5 V (0 et 0.7V dans certains calculateurs) et correspond à « 0 ».

a) Bus D'adresse

Un bus d'adresse permet au microprocesseur de sélectionner la case mémoire ou le périphérique auquel il veut accéder pour lire ou écrire une information (instruction ou donnée). Les informations sont débitées à partir du microprocesseur en niveau logique et chaque adresse reconnaît son niveau logique, ce qui permet au microprocesseur de décider de sa prochaine adresse.

b) Bus de données

Un bus de données permet l'échange d'informations entre le microprocesseur et les différents éléments ; ces informations sont, soit des instructions, soit des données en provenance ou à destination de la mémoire ou des périphériques. La mémoire morte est à lecture uniquement alors que la mémoire vive est à lecture et écriture.

c) Bus de contrôle

Un bus de contrôle indique si l'opération en cours est une lecture ou une écriture, si un périphérique demande une interruption pour faire remonter une information au processeur(...).

V.4. LE RÉGULATEUR DE TENSION

La tension débitée par une batterie d'accumulateur varie constamment avec les brusques accélérations engendrant des écarts de 2 à 3 v. Le signal débité par un capteur est en rapport direct avec la tension d'alimentation de ce capteur. Toute modification de la tension d'alimentation du capteur influe directement sur le signal débité par ce capteur. Les variations de tension peuvent être moins néfastes pour un capteur tout ou rien, mais pour un capteur radiométrique, celui-ci enverra des signaux erronés au calculateur, car la valeur numérique à la sortie du convertisseur est proportionnelle au signal envoyé par le capteur. Le régulateur de tension de référence a pour rôle de maintenir la tension d'alimentation du capteur et des circuits intégrés à une valeur stable quelles que soient les variations de la tension de la batterie d'accumulateur. Le régulateur utilisé dans le calculateur est un circuit intégré. Il existe plusieurs types, commercialisés sous deux formes de boîtier : un boîtier de forme circulaire et un boîtier de forme rectangulaire, plus répandu. Mais, quel que soit le boîtier, celui-ci possède trois broches : une broche pour la source venant de la batterie, une seconde pour la masse et une dernière pour la sortie de tension de référence nécessaire pour l'alimentation du capteur et d'autres composants du calculateur. L'utilisation d'un régulateur est très indispensable, car les composants électroniques sont très sensibles aux variations de la tension. La tension de sortie, selon le type de régulateur, est 5V, 9V avec une tolérance de 2 à 4%.

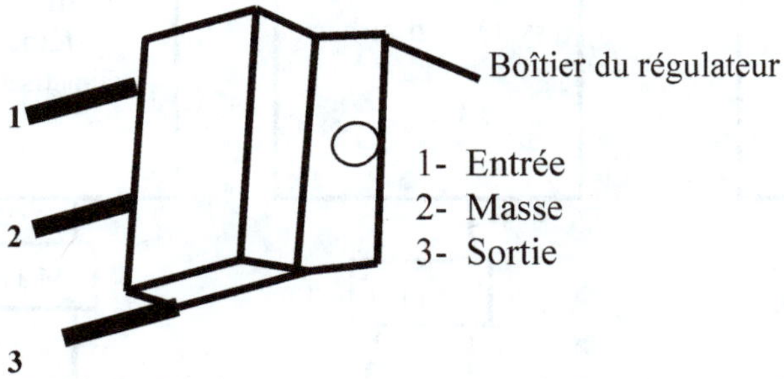

Figure 5.8.1 : Exemple de boîtier rectangulaire d'un régulateur.

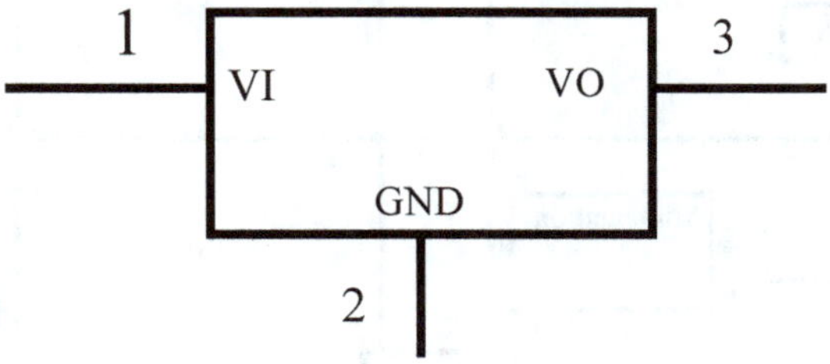

Figure 5.8.2 : Symbole d'un régulateur.

Le régulateur est symbolisé par trois bornes 1, 2, 3. La broche GND se connecte à la batterie ; la broche VO se connecte à la masse et la broche VI alimente les capteurs et le microcontrôleur ou microprocesseur. Pour une sortie de 5V positif, on peut utiliser le régulateur du type LM7805 et pour une sortie de 12V positif, on peut utiliser LM7812.

V.5. LE MULTIPLEXAGE

Avec la multiplication des calculateurs dans une automobile, le diagnostic pose un problème, car chaque calculateur doit alors avoir sa prise de diagnostic, ce qui complique la maintenance. De plus, s'il faut connecter les calculateurs avec la méthode traditionnelle, le nombre de fils à utiliser serait très colossal. C'est alors que la solution ingénieuse fut le multiplexage. Le multiplexage permet de combiner plusieurs signaux indépendants en un seul signal composé destiné à être transmis sur une voie commune. Ce signal est numérique et donc ne possède que deux états « 1 ou 0 », tension élevée ou tension basse et inversement selon le constructeur. Le signal est transmis sous deux fils torsadés « bus+ et bus– » pour annuler l'effet d'induction magnétique produite par les variations de tension dans les conducteurs situés à proximité.

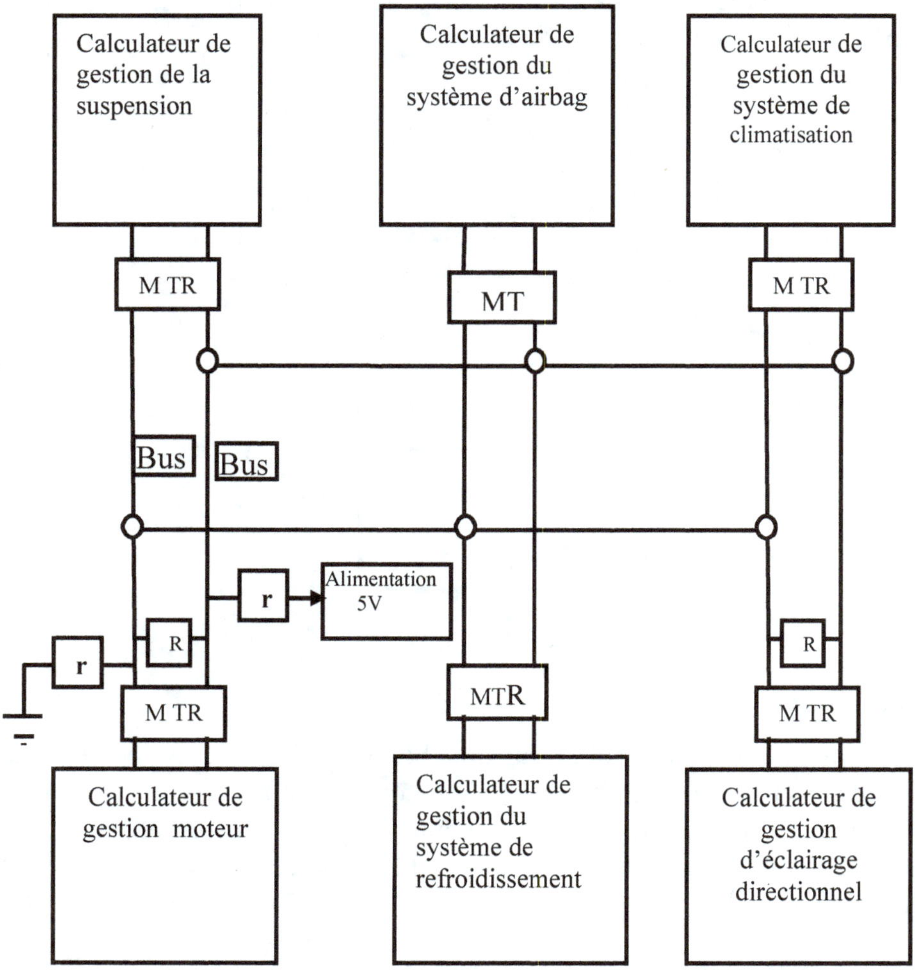

Figure 5.9 : Exemple de réseau multiplexé « Chrysler».

R = résistances de terminaison ;
r = résistances de polarisation ;
MTR = module de transmission et réception des informations.

Pour assurer la transmission des données, le bus doit être polarisé et chaque extrémité doit être fermée par une terminaison. La tension de polarisation est fournie par le gestionnaire qui est un calculateur du réseau. Cette tension peut être fournie par tout autre calculateur du réseau lorsque le gestionnaire est au repos. La disposition des résistances dans le réseau crée un diviseur de tension et l'écart entre le bus + et le bus - devient une référence. Chaque calculateur renferme un transmetteur et un récepteur qui traitent les informations pour les rendre acceptables. Par exemple, lorsqu'un calculateur transmet un message, le message passe par son transmetteur qui modifie la tension dans le bus et les fluctuations de tension génèrent des signaux numériques qui correspondent au message. Chaque message transmis comporte un code «premier octet » qui indique la provenance, la destination, le contenu et la longueur du message. Ainsi, le calculateur qui reconnaît son code capte le message et décode. Pour éviter la confusion, les messages sont transmis selon un ordre préétabli. Lorsque le contenu du message reçu ne correspond pas au contenu transmis, le message est déclaré corrompu. Un dispositif de contrôle incorporé dans le réseau multiplexé assure ce rôle. De nos jours, le multiplexage ne se limite plus à la connexion des calculateurs, car les constructeurs disposent au niveau des capteurs, des convertisseurs analogiques-numériques et des transmetteurs des données, qui permettent de connecter les capteurs directement sur le réseau multiplexé. Un des avantages de cette solution et du multiplexage en général est l'existence d'une seule prise de diagnostic à travers lequel on accède aux capteurs et aux calculateurs pour analyser leur fonctionnement.

CHAPITRE VI :

COMMANDE DE SORTIE

Les signaux émis par le microprocesseur sont trop faibles pour commander directement les actionneurs. Pour résoudre ce problème, on interpose entre les actionneurs et le microprocesseur, ces dispositifs pouvant à partir d'un petit courant du microprocesseur, commander un grand courant à destination des actionneurs. Le transistor et le buffer sont les principaux dispositifs utilisés à cet effet. Toutefois, certains dispositifs de sortie comme les afficheurs se connectent directement au microprocesseur et n'ont pas besoin d'une commande de sortie.

VI.1. TRANSISTOR COMME COMMANDE DE SORTIE

Les transistors sont de deux types NPN et PNP. Analysons le principe de fonctionnement de ces transistors pour mieux appréhender leur fonctionnement. L'avantage d'utiliser un transistor comme commande de sortie est qu'il est à la fois un interrupteur et un amplificateur.

VI.1.1. Fonction interrupteur

Cas d'un transistor NPN : le courant traverse l'émetteur pour le collecteur lorsque la base est alimentée.

Cas d'un transistor PNP : le courant traverse l'émetteur pour le collecteur lorsque la base est reliée à la masse.

VI.1.2. Fonction amplificateur

Pour un transistor(NPN) utilisé, le calculateur envoie une petite tension à sa base (5V) et celui-ci fait traverser une grande tension (tension de la batterie de 12V) entre son émetteur –collecteur.

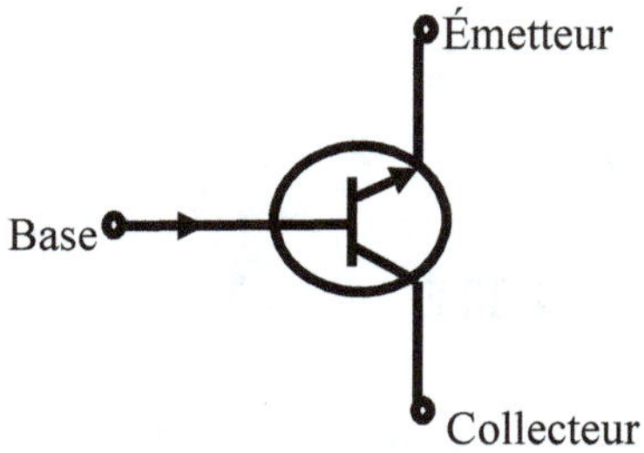

Figure 6.1.2 : Un transistor PNP.

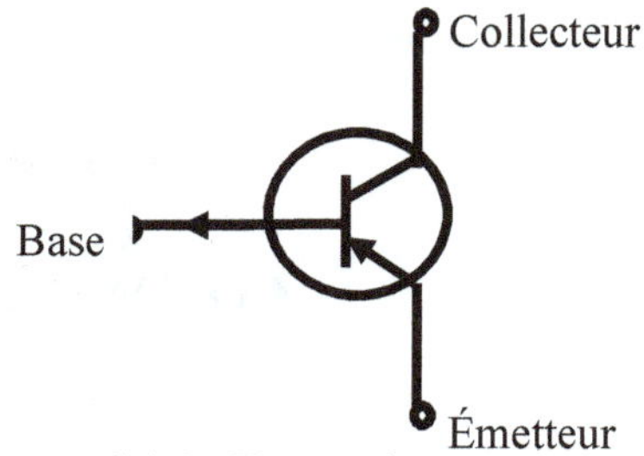

Figure 6.1.1 : Un transistor NPN.

Réalisation d’une commande à partir d’un transistor

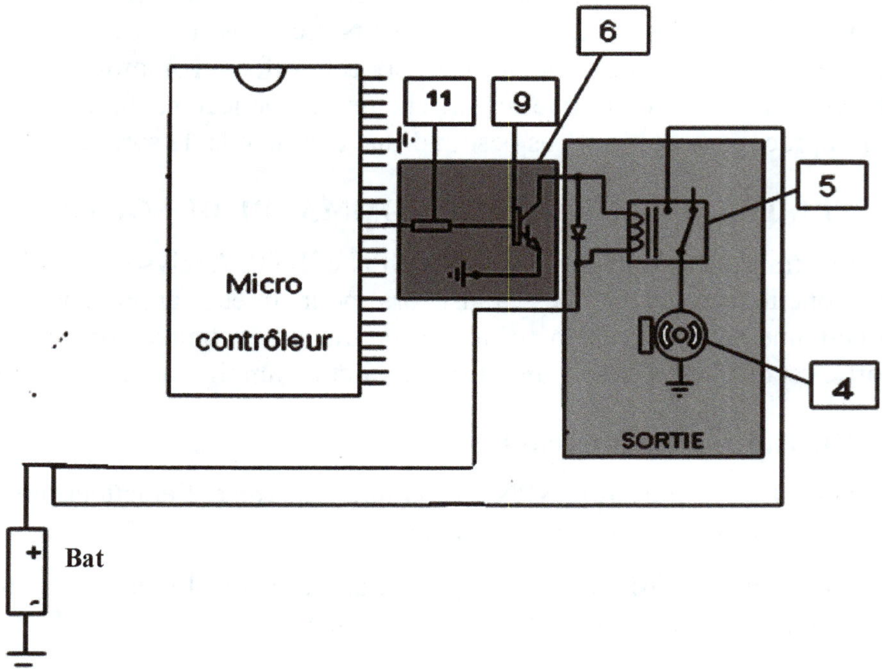

Figure 6.2 **: Commande de sortie à transistor.**

4- Moteur lève-vitre ;
5- Relais de commande ;
6- Commande de sortie ;
9- Transistor avec diode de roue libre ;
11- Résistance protectrice.

FONCTIONNEMENT

Le signal envoyé par le microcontrôleur arrive à la base du transistor (type NPN) et le débloque. Celui-ci permet alors au courant de la batterie de traverser son émetteur- collecteur pour enfin se fermer à la masse. Cette fermeture à la masse commande le relais qui alimente à son tour le moteur.

VI.2. BUFFER COMME COMMANDE DE SORTIE

Il s'agit d'un circuit intégré qui renferme dans un boîtier huit transistors Darlington possédant chacun une diode de protection dite généralement de roue libre pour les charges inductives. Chaque transistor amplifie le signal du microprocesseur pour commander un actionneur. Il est idéal lorsqu'il faut commander des relais pouvant fonctionner sur une tension assez importante. Son boîtier est le suivant :

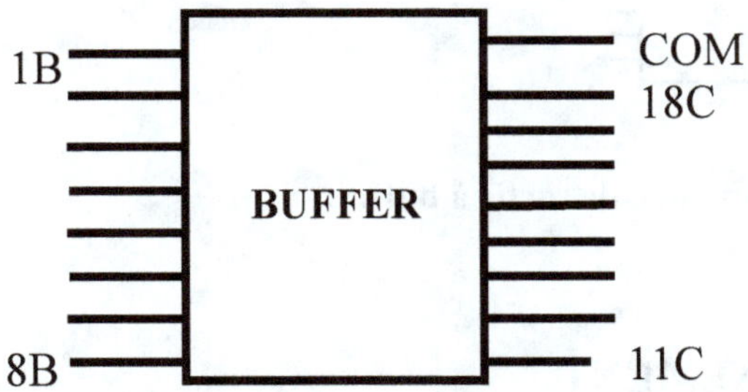

Figure 6.3 : **Symbole du buffer ULN 2803.**

Chacune des huit broches d'entrées nommées « B » situées sur le côté gauche peut être connectée à une sortie du microprocesseur et chacune des huit broches de sorties côté droit, peut être connectée à un actionneur. La broche « COM » permet d'introduire le courant positif qui alimentera les émetteurs des huit transistors Darlington.

RÉALISATION D'UNE COMMANDE À PARTIR D'UN BUFFER

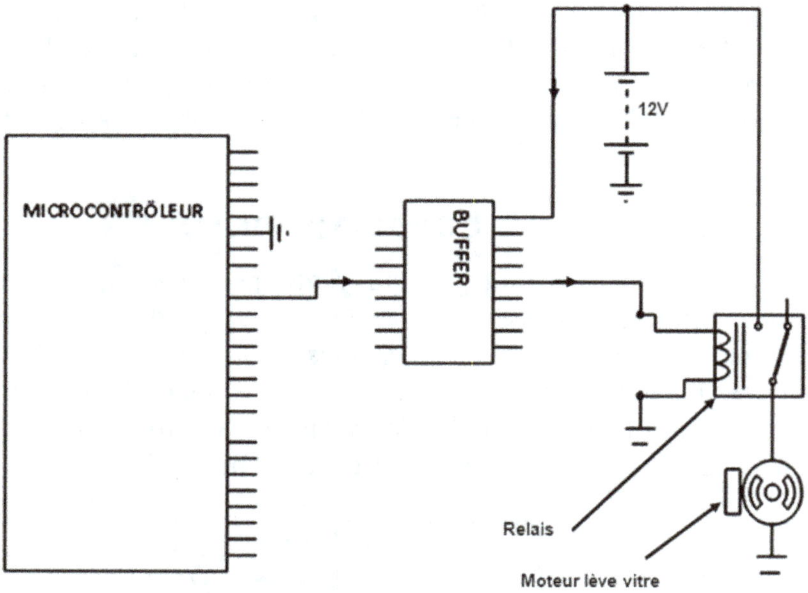

Figure 6.4 : **Commande de sortie à buffer.**

FONCTIONNEMENT

Le microcontrôleur ferme à la masse une broche et de l'autre côté, le transistor correspondant alimente le relais avec le courant de la batterie. Le relais à son tour commande le moteur.

VI.3. COMMANDE DE L'AFFICHEUR

Aujourd'hui, les tableaux de bord de certaines automobiles sont à affichage numérique. Auparavant, l'afficheur existait déjà sur les consoles de la climatisation pour la visualisation de la température de l'habitacle. Un afficheur n'a pas besoin d'une commande de sortie pour se connecter au microprocesseur. La figure ci-dessous l'illustre. Chaque afficheur possède une mémoire qui conditionne les données numériques. Ainsi, les données qui circulent dans les connexions qui le relient au microprocesseur sont de nature numérique. Le nombre de connexions reliant l'afficheur au microprocesseur dépend entièrement du type d'afficheur et de la communication sollicitée.

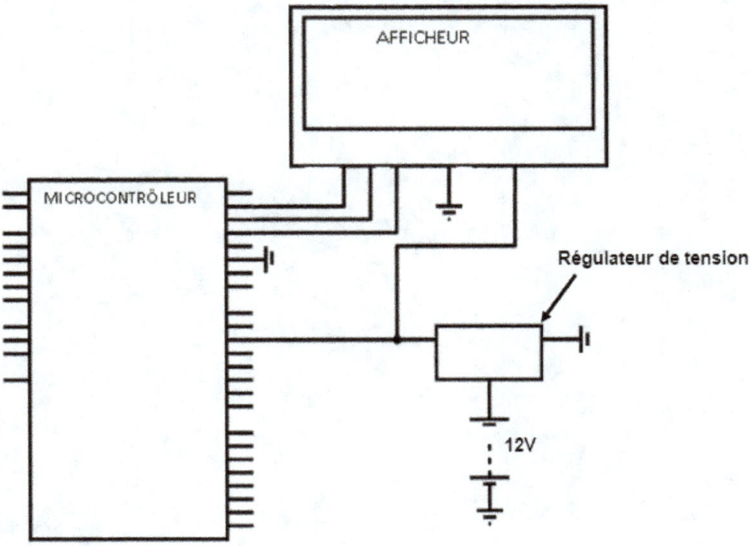

Figure 6.5 : **Exemple de circuit de commande d'un afficheur.**

CHAPITRE VII

LES ACTIONNEURS

Les actionneurs les plus répandus sont :

- le relais ;
- le solénoïde ;
- les moteurs pas à pas ;
- l'afficheur.

VII.1. LE RELAIS

Le relais est constitué d'une bobine et d'un jeu de contact. C'est un dispositif électromécanique qui sert à commander un grand courant à partir d'un petit courant. Habituellement, sur un dispositif à commande informatisée, le relais fait office d'un préactionneur, intermédiaire entre la commande de sortie et l'actionneur. La commande d'un relais peut être réalisée de deux façons : par le positif ou par la masse (figure 7.1).

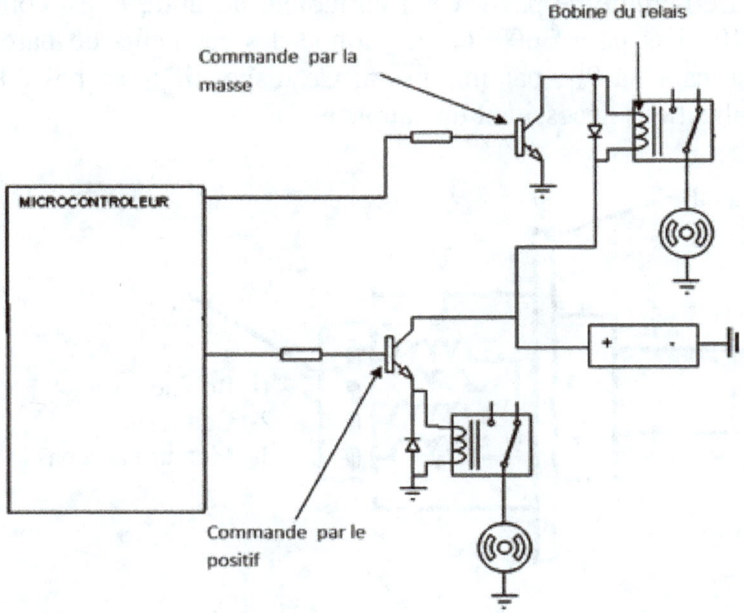

Figure 7.1. Commande de relais

FONCTIONNEMENT

Commande par le positif : lorsque le transistor ferme le circuit, le courant de la batterie se ferme à la masse à travers la bobine du relais.

Commande par la masse : lorsque le transistor ferme le circuit, le courant de la batterie traverse la bobine du relais et se ferme à la masse à travers le transistor.

VII.2. LE SOLÉNOÏDE

Un solénoïde est constitué d'un noyau plongeur, d'une bobine et d'un ressort. Sa commande et son fonctionnement sont identiques à ceux d'un relais à la seule différence qu'il peut avoir un fonctionnement tout ou rien ou un fonctionnement proportionnel. Le fonctionnement proportionnel est celui des électrovannes à cylindre variable.

VII.3. MOTEUR PAS À PAS

Le moteur pas à pas est un excellent outil pour la commande progressive. Il est utilisé pour obtenir le mouvement d'un mécanisme avec une grande précision et un positionnement angulaire précis. Chaque impulsion envoyée par le calculateur se traduit par une rotation d'un pas du moteur. Le nombre de pas varie d'un moteur à l'autre et est compris entre 4 et 400 pas pour 360°, ce qui donne des segments de parcours allant de moins 1° à 90° par impulsion. Ce dispositif n'est pas adapté pour les applications nécessitant un couple élevé.

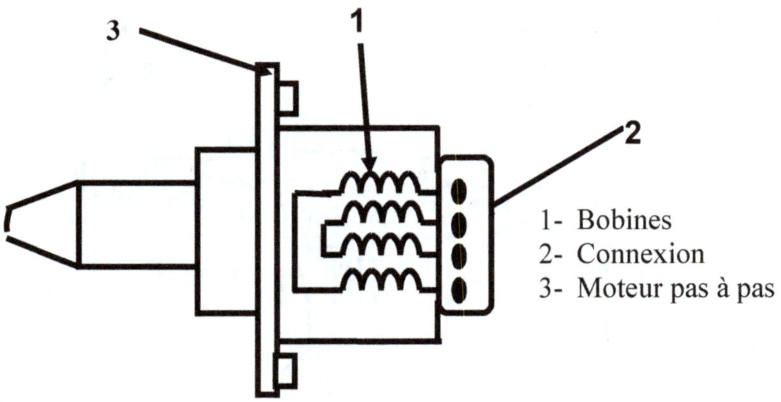

Figure 7.2.2 : Vue d'un moteur pas à pas de commande.

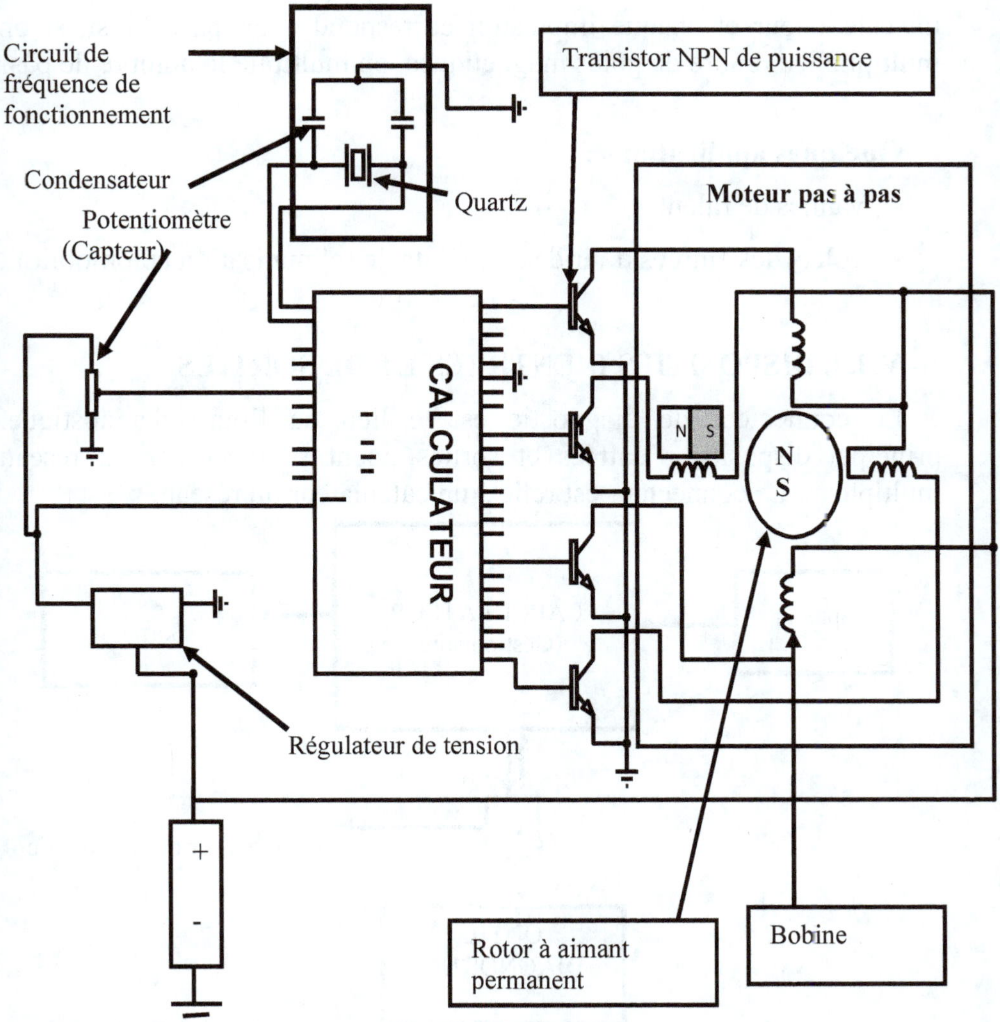

Figure 7.2.1 : Commande d'un moteur pas à pas.

FONCTIONNEMENT (figure 7.2.1)

En l'absence du courant, la roue à aimant permanent prend une position aléatoire. La circulation d'un courant dans un bobinage entraîne l'apparition d'un champ magnétique dans ce bobinage, c'est-à-dire la présence d'un pôle nord et d'un pôle sud : deux pôles de même nature se repoussent alors que deux pôles opposés s'attirent. Comme le pôle du bobinage est opposé à celui du rotor, le rotor tournera d'un pas pour s'aligner avec le pôle sud du bobinage alimenté. Les bobinages sont commandés dans un ordre bien précis par des impulsions envoyées par un calculateur et chaque impulsion correspond à un pas. Ainsi, si on multiplie le nombre de pôles magnétiques, on multiplie le nombre de pas.

Quelques applications :

- vannes de ralenti ;
- volets des entrées d'air dans l'habitacle (climatisation automobile).

VII.4. DISPOSITIFS D'ENTRÉES ET DE SORTIES

Le connecteur de diagnostic est le lieu où l'outil diagnostique, principal dispositif d'entrées et sorties, vient se raccorder au réseau multiplexé. Le connecteur est relié à un calculateur du réseau.

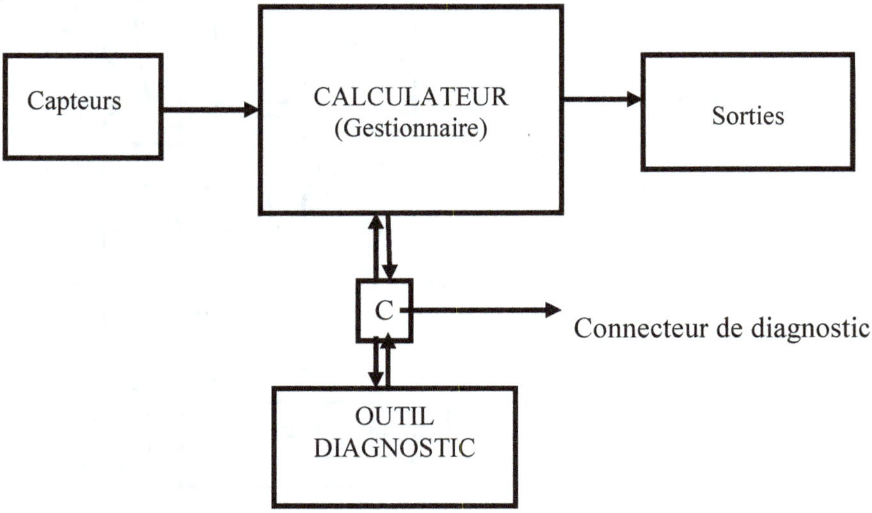

Figure 7.3 : Prise de diagnostic.

À partir de cette fiche et de l'outil diagnostic, on peut introduire les données dans les mémoires des calculateurs ou visualiser les données qui s'y trouvent.

VII.5. COMMANDE PROGRESSIVE

La commande progressive consiste à modifier la sortie en fonction des entrées. Le principe consiste à modifier le fonctionnement de l'actionneur en fonction des données obtenues à l'entrée.

PRINCIPE

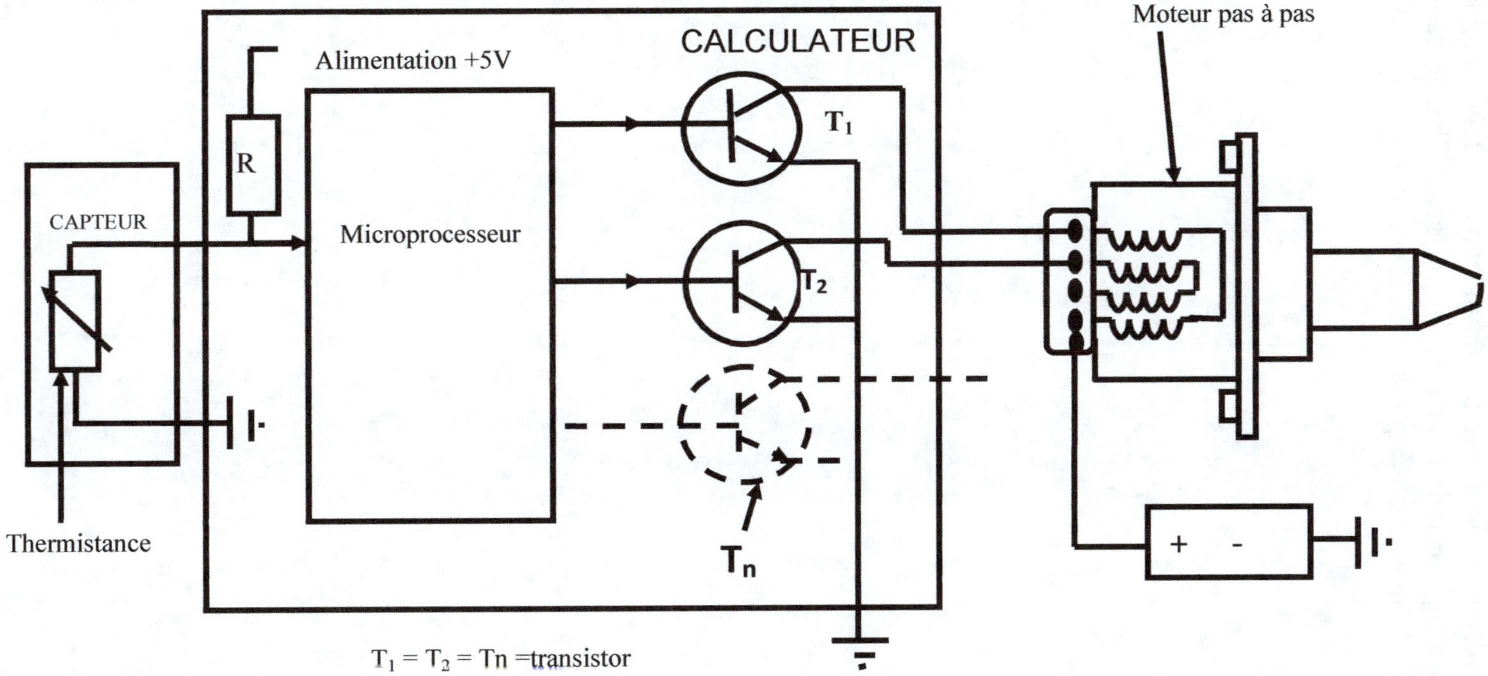

Figure 7.4 : Commande progressive d'un actionneur.

FONCTIONNEMENT

Le microprocesseur active les transistors T1, T2, et T3 en fonction des niveaux des signaux délivrés par la thermistance. Chaque transistor ferme une bobine du moteur pas à pas à la masse et celui-ci tourne d'un pas.

CHAPITRE VIII :

AUTOMATIQUE DES SYSTÈMES À COMMANDE INFORMATISÉE DE L'AUTOMOBILE

Les dispositifs à commande automatisée de l'automobile utilisent deux modes de fonctionnement :

- mode en boucle ouverte ;
- mode en boucle fermée.

VIII.1. FONCTIONNEMENT EN BOUCLE OUVERTE

Le fonctionnement d'un calculateur se résume en trois étapes : collecte des données par les capteurs ; traitement des données fournies par les capteurs par l'unité de traitement et enfin restitution d'un résultat. Lorsque le calculateur ne dispose d'aucun moyen pour mesurer (capteur) les résultats qu'il engendre, on dit que le système fonctionne en boucle ouverte.

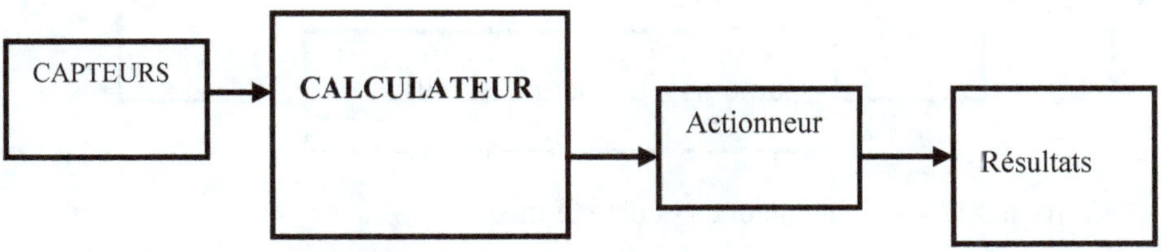

Figure 8. 1 : Fonctionnement en boucle ouverte.

Dans une boucle ouverte, le traitement s'effectue à l'aveuglette et toujours de la même façon, peu importe le résultat. Il n'existe pas de capteur pour mesurer le résultat. Par exemple, considérons un moteur qui ne possède pas de sonde lambda pour mesurer la teneur en CO2 dans les gaz d'échappement. Dans cette condition, le calculateur ne tient pas compte de l'état de la fumée à l'échappement pour doser le mélange au collecteur d'admission : on dit que le moteur fonctionne en boucle ouverte.

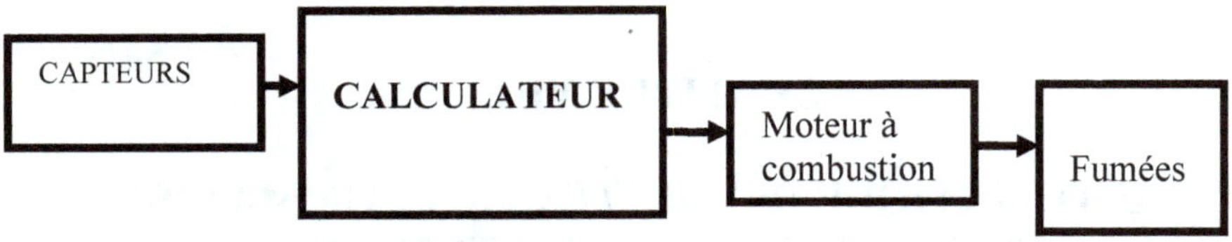

Figure 8.2 : Fonctionnement en boucle ouverte d'un moteur à combustion interne.

VIII.2. FONCTIONNEMENT EN BOUCLE FERMÉE

Un système à commande informatisée fonctionne en boucle fermée lorsqu'un capteur mesure en permanence le résultat à la sortie du calculateur pour permettre un ajustement des données d'entrées afin d'optimiser le résultat. Le résultat mesuré est envoyé au calculateur pour l'analyse. Un système en boucle fermée est d'abord un système en boucle ouverte où on a ajouté un capteur analyseur des résultats.

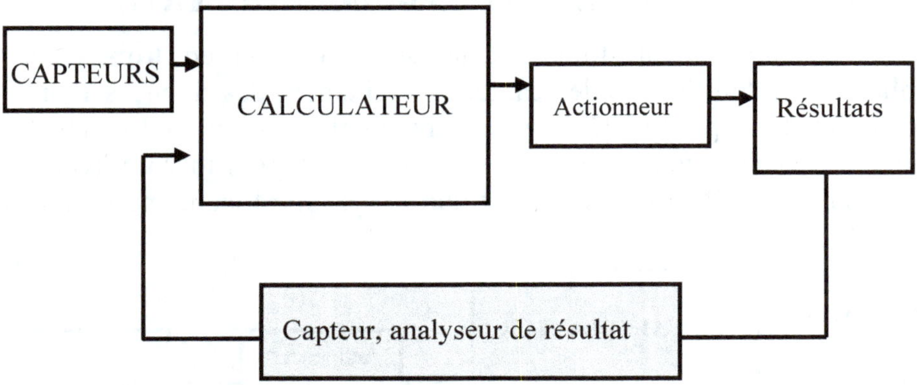

Figure 8.3 : Fonctionnement en boucle fermée.

Dans un système qui fonctionne en boucle fermée, s'il existe un écart entre la valeur d'entrée et la valeur réelle de sortie, le calculateur apporte donc une correction sur l'entrée pour maintenir la sortie à la valeur réelle. L'écart est égal à l'entrée moins la sortie.

$e = y - s$
e = l'écart ;
y = entrée ;
s = sortie (résultat)

La détermination de l'écart se calcule avec les techniques de Laplace en automatique. La correction est proportionnelle à l'écart.

Considérons le cas d'un moteur muni d'une sonde lambda :

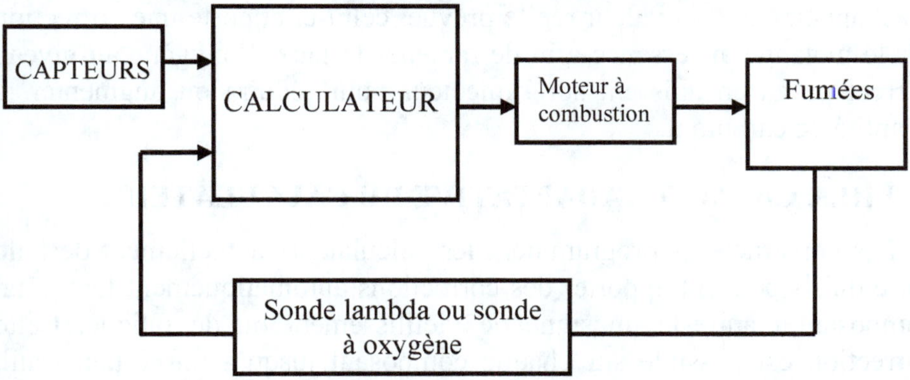

Figure 8.4.1 : **Fonctionnement en boucle fermée d'un moteur à combustion interne.**

Application pratique

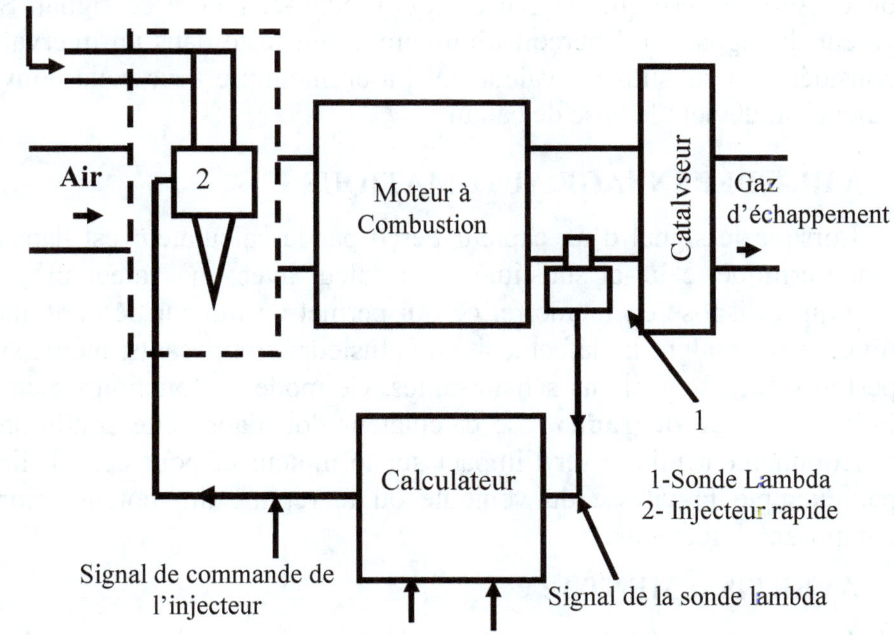

Figure 8.4.2 : **Application d'un fonctionnement en boucle fermée sur un moteur à combustion interne**

La sonde lambda mesure en permanence la teneur en oxygène contenu dans les gaz d'échappement et informe le calculateur. Si le calculateur détecte un écart entre la quantité d'oxygène présente dans les gaz d'échappement et la valeur réelle prévue, celui-ci apporte une correction sur le mélange air-essence afin de ramener le taux d'oxygène au niveau correct prévu en agissant sur l'injecteur pour réduire ou augmenter la quantité de carburant.

VIII.3. CAPACITÉ ADAPTATIVE DU CALCULATEUR

Les constructeurs programment les calculateurs actuellement de telle sorte qu'ils peuvent apporter des corrections automatiquement lorsqu'un composant manifeste un signe de vieillissement ou de fatigue. Cette correction est possible sur chaque composant jusqu'à un certain seuil. Ainsi, pendant une phase de fonctionnement, le calculateur enregistre les valeurs envoyées par les capteurs en mémoire jusqu'à un certain seuil et les conserve tant qu'il est connecté à la batterie. Lors du fonctionnement futur, le calculateur surveille les mêmes composants et s'il détecte un signe de vieillissement ou d'usure d'un composant, il apporte des corrections pour rétablir la performance convenable. Si le seuil de fatigue ou d'usure est critique (signal critique), celui-ci ignore ce signal. Si la valeur du signal qu'il perçoit d'un composant reste dans un intervalle à considérer, il substitue la valeur qu'il a en mémoire avec cette nouvelle valeur qui devient la base de calcul.

VIII.4. DÉPANNAGE AUTOMATIQUE

Lorsque le signal d'un capteur perçu par le calculateur est dans une plage critique, celui-ci substitue cette valeur avec une valeur moyenne fixe qu'il dispose en mémoire, ce qui permet au moteur de continuer à fonctionner malgré la défectuosité de plusieurs composants, même si les performances sont moins satisfaisantes. Ce mode de fonctionnement est intitulé « **mode dégradé** ». Le calculateur doit dans cette condition de fonctionnement minimiser l'impact sur le moteur et pour cela, il limite par exemple la vitesse du véhicule ou le régime du moteur selon le composant défectueux.

AVERTISSEMENT 1 :

Après remplacement d'un composant, il est possible que les performances du véhicule ne s'établissent pas, parce que le calculateur commande le nouveau composant comme avec les valeurs du composant usé. Il faut manuellement, à partir d'un outil de diagnostic, effacer les valeurs usées en mémoire pour que le calculateur considère la nouvelle valeur venant du nouveau composant.

CHAPITRE IX :

LE DIAGNOSTIC

La commande automatisée n'a pas compliqué le travail du réparateur automobile. Au contraire, elle a simplifié son travail, en lui offrant des possibilités qui lui permettent d'optimiser un gain de temps. C'est l'ignorance même qui conduit à penser que son implantation complique le travail du réparateur. Aujourd'hui, la plupart des outils de diagnostic ne sont plus de simples logiciels indiquant le code de défaillance, mais un ensemble de logiciels qui travaillent en collaboration pour un résultat satisfaisant. Par exemple, le code de défaillance est immédiatement suivi du nom de l'élément incriminé en français ou en anglais. D'autres outils proposent le diagnostic guidé en proposant la méthode de réparation, le schéma du circuit défaillant, la position de l'élément incriminé avec une image de l'élément défectueux. Autant d'atouts pour la simplification du travail du réparateur automobile.

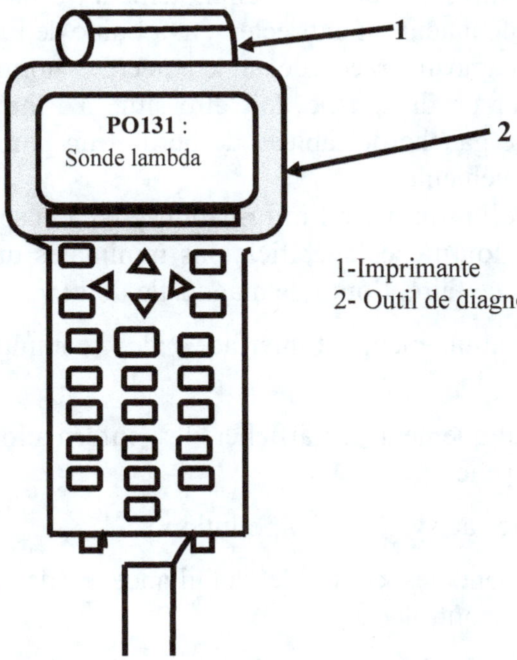

1-Imprimante
2- Outil de diagnostic

Figure 9.1 : **Exemple d'appareil de diagnostic.**

IX.1. HISTORIQUE DU DIAGNOSTIC

C'est au cours de l'année 1988 que la première norme en matière de diagnostic embarqué voit le jour. Au cours de cette année, un ensemble de normes fut regroupé dans un protocole appelé OBD I (On-Board Diagnostic 1). Pourtant, au cours de l'année1996, les normes américaines imposent plusieurs exigences. Le recensement plus tard de ces normes a conduit à l'adoption de l'OBDII. Ce dernier protocole impose alors l'installation d'un témoin de défaillance ainsi qu'une liste des éléments que le calculateur moteur doit surveiller. Ainsi, pendant le fonctionnement d'un système à commande automatisée, son calculateur doit continuellement surveiller les éléments d'entrées, de sorties et aussi à la suite d'une intervention extérieure. Un ensemble de valeurs est mémorisé et pendant la surveillance, lorsqu'une valeur enregistrée s'écarte trop de la valeur que le calculateur a en mémoire, alors celui-ci enregistre un code défaut correspondant à l'anomalie et l'organe incriminé. Cette norme donne aussi la possibilité aux constructeurs d'affecter un code aux éléments non classifiés par la réglementation d'une façon bien définie. Pour cette dernière, le code en mémoire peut ou non s'accompagner de l'allumage du témoin de défaillance. Les codes en mémoire s'obtiennent directement par clignotement d'un témoin lumineux situé dans le calculateur ou indirectement à l'aide de l'afficheur numérique d'un outil diagnostic raccordé au connecteur normalisé de diagnostic. Le connecteur de diagnostic doit être situé à l'intérieur du véhicule entre l'extrémité gauche du tableau de bord et un point situé à 30cm de l'axe central du véhicule.

La norme SAE, afin d'uniformiser l'information pour l'ensemble du secteur de la réparation, fournit les spécifications minimales quant aux outils de diagnostic. Pour ce faire, l'outil de diagnostic doit :

- déterminer automatiquement l'interface de communication utilisée ;
- déterminer automatiquement et afficher les informations pour l'inspection et l'entretien ;
- afficher les codes liés au système antipollution ;
- permettre l'effacement des codes de défaillance et des données enregistrées lors des contrôles ;
- avoir la capacité d'exécuter les fonctions du protocole de diagnostic étendu décrites dans le document SAE J 22O5.

IX.2. LECODE DE DÉFAILLANCE

Avec l'adoption du système OBDII, le code se présente sous un format alphabétique normalisé. Lorsqu'une défaillance n'est pas inscrite par la norme, les fabricants peuvent attribuer un code spécifique et ainsi, le code de défaillance est constitué d'une lettre alphabétique et de trois caractères numériques. Le code associé à l'organisme chargé de la norme est caractérisé par un « zéro » après la lettre alphabétique alors que celui associé au constructeur est caractérisé par « un » après la lettre alphabétique.

Exemple :

- P0= code associé au groupe motopropulseur (SAE) ;
- P1= code associé au groupe motopropulseur (fabricant).

Dans un code, le troisième caractère indique l'élément défectueux ou incriminé ; les quatrième et cinquième caractères représentent le code de défaillance. Par exemple : PO131

P= groupe motopropulseur ;

O= code SAE ;

1= mélange air-essence ;

31= élément en cause (sonde à oxygène).

Après les normes OBDII, les normes OBDIII ont été élaborées et sont utilisées dans les automobiles actuelles. Le code et le nom de l'organe défaillant sont affichés à l'écran. C'est sur l'identification de l'élément défaillant que la précision de l'outil s'impose et seul l'outil professionnel à l'heure actuelle en est capable.

IX.3. DIAGNOSTIC DES PRINCIPAUX CAPTEURS DU MOTEUR

La vérification de l'alimentation d'un capteur à effet hall est facile (moteur diesel et essence). La connexion de ce capteur comporte trois fils identifiés comme indiquent les figures ci-dessous. Positionner le voltmètre comme indiqué sur ces figures. La première figure indique la vérification du positif envoyé par le calculateur alors que le second indique la vérification de la masse envoyée par le calculateur. Lorsque l'alimentation du capteur est coupée, l'outil de diagnostic ne peut pas aider à la détection ; une vérification manuelle est alors indispensable.

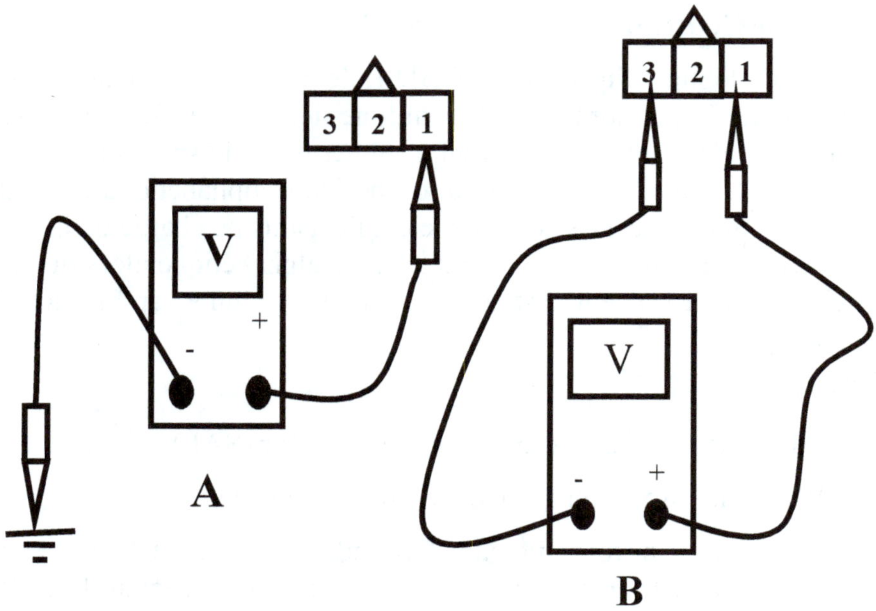

Figures 9.2 : Vérification de l'alimentation d'un capteur à effet hall.
Alimentation (+) du capteur venant du calculateur ;
1- Signal du capteur vers le calculateur ;
2- Masse venant du calculateur ;
A- Vérification de l'alimentation (+) ;
B- Vérification de la masse (-).

IX.4. MESURE DU SIGNAL DESTINÉ AU CALCULATEUR

IX.4.1. Capteur à effet hall

Pour mesurer le signal allant au calculateur, mettez le moteur en marche et prélevez à l'aide d'un voltmètre (du multimètre) comme indique la figure ci-dessous. La tension d'alimentation peut être : 5v, 9v selon les calculateurs avec une majoration de 2 à 4%.

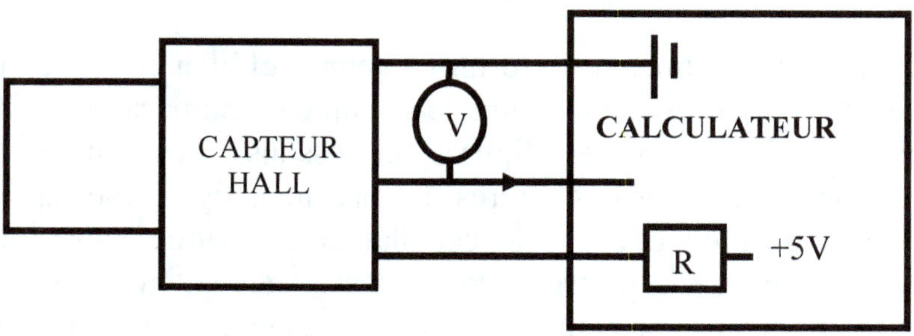

Figure 9.3 : Mesure du signal d'un capteur à effet hall.

IX.4.2. Capteur magnétique

Ce capteur ne nécessite aucune alimentation et peut être utilisé quelque soit le type de moteur (diesel ou essence) et selon le constructeur. La seule mesure à réaliser sur ce capteur est la mesure du signal débité. Pour obtenir cette donnée, mettez le moteur en marche et placez un voltmètre entre ses deux bornes comme indique la figure ci-dessous.

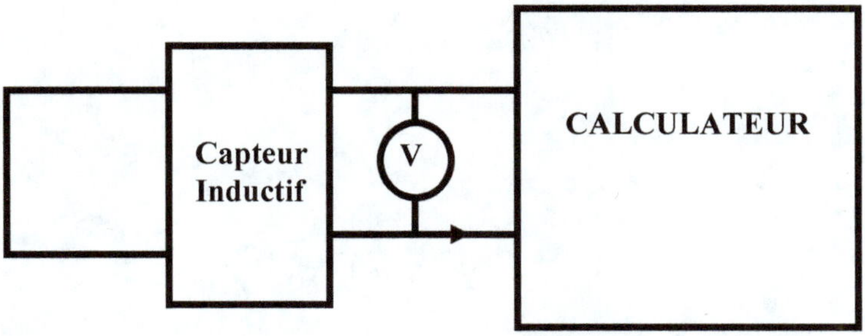

Figure 9.4 : Mesure du signal d'un capteur magnétique.

AVERTISSEMENT 2 :

Pendant la réparation d'un système à commande informatisée de l'automobile, tout capteur remplacé doit conserver ses caractéristiques afin que son signal corresponde aux données en mémoire. Les caractéristiques d'un capteur sont obtenues après un dimensionnement préalable au laboratoire à des fins de précision afin d'adapter son signal avec la grandeur physique à mesurer. L'utilisation d'un capteur au hasard peut avoir comme conséquence, un retard ou une avance sur la commande de l'actionneur.

CHAPITRE X :

FONCTIONNEMENT DE QUELQUES PRINCIPAUX SYSTÈMES À COMMANDE AUTOMATISÉE DE L'AUTOMOBILE

Un système à commande automatisée ne modifie pas le fonctionnement du système classique. Au contraire, le système automatisé améliore les performances du système mécanique ou électrique qu'il remplace. Pour bien comprendre le fonctionnement d'un système à commande automatisée qui remplace un système classique, il faut au préalable connaître le fonctionnement du système classique.

X.1. SYSTÈME D'ALLUMAGE ET INJECTION ESSENCE ÉLECTRONIQUE SÉQUENTIELLE

La gestion du système d'allumage et du système injection séquentielle est assurée par un calculateur. Les signaux venant des différents capteurs permettent à un calculateur de commander à la fois le système d'allumage et le système d'injection. Cependant, la conception d'un tel système à commande informatisée peut varier d'un constructeur à un autre. La différence peut se situer au niveau du type de capteur, du nombre de capteurs, voire du programme de commande. Le programme est le fonctionnement pratique écrit en langage machine disponible dans une mémoire morte du calculateur. Pour bien l'appréhender, considérons le synoptique du système ci-dessous, système destiné à un moteur quatre cylindres en ligne avec un volant moteur ayant 58 dents plus deux dents enlevées servant d'indication de point mort haut de référence. Le capteur position/régime et le capteur d'arbre à cames sont d'une plus grande importance, car le dysfonctionnement d'un de ces deux capteurs conditionne l'arrêt immédiat du moteur ou a des répercussions directes sur le fonctionnement de celui-ci. L'ordre d'injection et l'ordre d'allumage sont identiques, mais opposés et sont réalisés grâce aux deux capteurs cités ci-dessus.

Remarque : le fonctionnement d'un système à commande automatisée repose sur l'étude du fonctionnement des capteurs et des actionneurs, à partir duquel on infère le fonctionnement du programme disponible dans la mémoire.

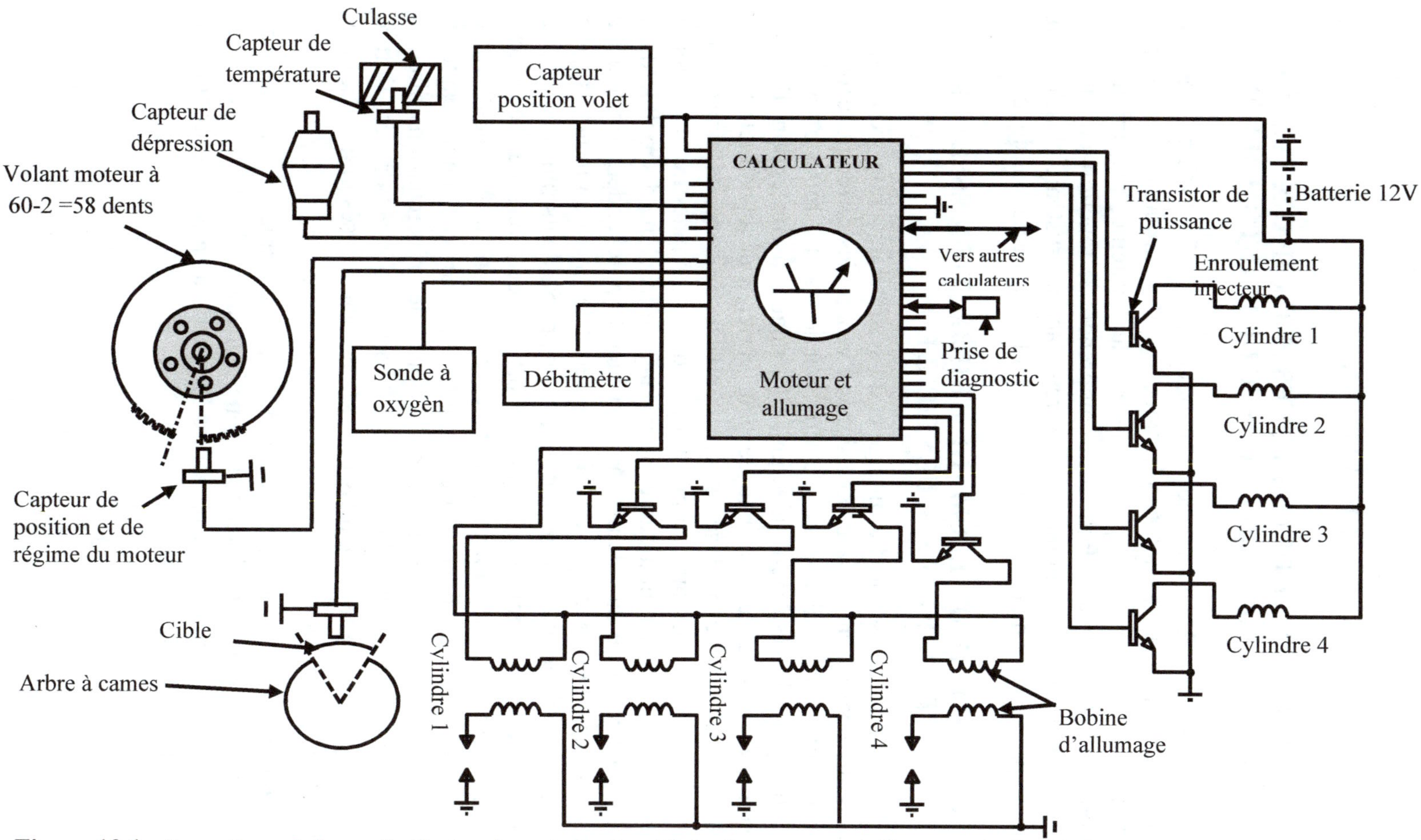

Figure 10.1 : Synoptique de la partie électronique de gestion d'injection essence et allumage séquentiels.

X.1.1. Présentation des principaux composants du système d'injection essence électronique séquentielle

X.1.1.1. Capteur de position du vilebrequin et régime du moteur

Ce capteur est fixé sur le carter d'embrayage et placé en regard d'une couronne de 58 dents montées sur le volant. Son rôle est de déterminer le régime du moteur ainsi que la position du vilebrequin. La technologie du capteur et le programme de commande dans le calculateur dépendent entièrement du constructeur. Certains constructeurs utilisent pour chaque fonction (position du vilebrequin et régime du moteur), un capteur spécifique. Mais, quel que soit le constructeur, les informations transmises au calculateur permettent généralement d'assurer les commandes suivantes :

- avance à l'allumage ;
- charge de la bobine ;
- quantité d'essence à injecter ;
- régulation du régime de ralenti ;
- détermination d'une cadence d'injection ...

A- Lecture de la position du vilebrequin

Le calculateur commande les bobines d'allumage et les injecteurs selon l'ordre et en fonction de la position du vilebrequin. Le point mort haut correspondant au premier cylindre étant obtenu lorsque le point mort haut de référence signalé par le capteur de l'arbre à cames coïncide avec le point mort haut signalé par le capteur de position/régime. Partant de cette référence, le vilebrequin fait deux tours alors que l'arbre à cames fait un tour ; pour deux tours du vilebrequin, le capteur de position /régime doit permettre au calculateur de déterminer quatre points morts hauts. Pour obtenir cette information, pour chaque tour du vilebrequin, le calculateur détermine le premier point mort haut grâce aux dents manquantes de la couronne du volant moteur et commande une bobine et un injecteur simultanément, puis le deuxième point mort haut par comptage des dents, soit 29 dents correspondant à un demi-tour du vilebrequin et commande une autre bobine et un autre injecteur simultanément. Ainsi, pour deux tours du vilebrequin, les quatre bobines ainsi que les quatre injecteurs sont commandés selon l'ordre inscrit dans le programme en mémoire. Si les deux dents de la couronne sont situées par exemple à 114° avant le point mort haut, ceci permet au calculateur de déterminer une avance à l'allumage et à l'injection. Mais cette avance peut être modifiée en fonction des informations envoyées par d'autres capteurs tels que le capteur : de cliquetis, de température et régime du moteur (…).

L'utilisation du capteur de l'arbre à cames est indispensable lorsqu'il faut une grande précision au niveau de la distribution ou lorsque le constructeur souhaite la lecture de la distribution par le calculateur. Sinon, une autre technologie ne nécessitant pas l'utilisation d'un capteur de l'arbre à cames est couramment utilisée par les constructeurs. À partir de la référence signalée par les deux dents enlevées de la couronne du volant moteur, le calculateur détermine les autres points morts hauts par comptage du nombre de dents, avec une initialisation après deux tours du volant moteur.

B- Lecture du régime du moteur

La manière de déterminer le régime du moteur dépend entièrement de la configuration du signal délivré par le capteur : soit un signal tout ou rien qui est envoyé à un compteur après amplification ; soit un signal ratiométrique qui est envoyé à un convertisseur analogique-numérique après amplification ou les deux. Mais, quelle que soit la configuration du signal, le résultat est le même, c'est-à-dire, adapter proportionnellement le point d'allumage et le point d'injection aux variations du régime moteur.

C- Symbolisation des signaux

Signal analogique

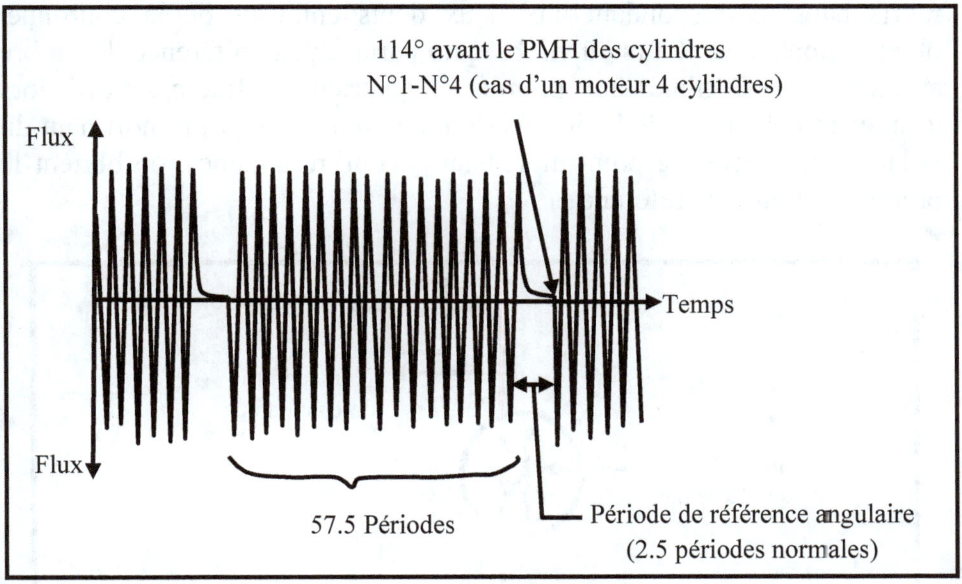

Signal numérique obtenu

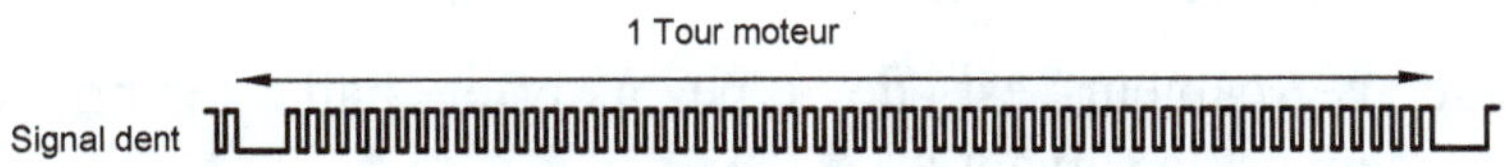

X.1.1.2. Capteur de référence

Ce capteur, est généralement de type à effet hall ou inductif, implanté sur la culasse en regard d'une cible fixée au bout de l'arbre à cames ou de l'arbre à cames d'admission (cas de deux arbres) et permet au calculateur de reconnaître le point mort haut du premier cylindre, référence à partir de laquelle le calculateur applique l'ordre d'allumage et/ou d'injection en suivant les points morts hauts du volant moteur signalés par le capteur de position du vilebrequin. L'arbre à cames tournant deux fois moins vite que le vilebrequin, le signal de référence n'apparaîtra alors qu'après tous les deux tours du vilebrequin. Le passage de la cible devant le capteur de référence déclenche un signal qui est envoyé au calculateur.

D'autres constructeurs placent ce capteur à proximité du capteur régime / position du volant moteur, mais l'intérêt de le placer sur l'arbre à cames est qu'à cette position, il permet aussi au calculateur d'avoir les informations sur la distribution et plus précisément sur le calage de la distribution du moteur. En choisissant le 1-3-4-2 et le 4-2-1-3 comme ordre d'allumage et respectivement comme ordre d'injection, les points morts hauts correspondant aux deux dents enlevées de la couronne, obtenus après deux tours du vilebrequin partant de la référence de l'arbre à cames, sont attribués aux premier et quatrième cylindres. Ainsi, lors d'un éventuel calage de la distribution, en alignant le point mort haut du volant moteur avec le point mort haut de l'arbre à cames, on obtient le premier cylindre de référence.

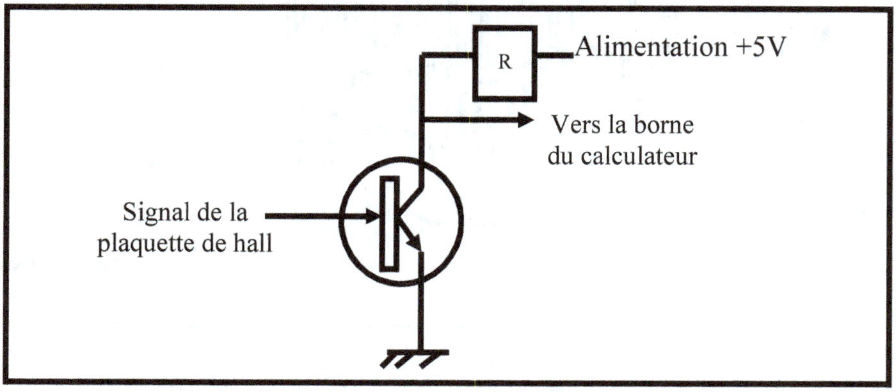

Figure 10.2 : Fonctionnement d'un capteur à effet hall.

Lorsque ce capteur est de type à effet hall, le principe de fonctionnement est le suivant :

- si la plaquette hall délivre un signal, le transistor est débloqué et le calculateur lit « 0 V » ;

- si la plaquette hall ne délivre pas de signal, le transistor est bloqué et le calculateur lit « 5 V ».

X.1.1.3. Le capteur de dépression

Ce capteur peut être de type tout ou rien ou de type ratiométrique ; tout dépendant du constructeur. Il possède un grand avantage lorsqu'il est radiométrique, car l'avance est modifiable proportionnellement à la dépression du moteur. Avec un capteur tout ou rien, le constructeur doit déterminer la dépression à laquelle l'avance aura lieu en agissant sur la raideur d'un ressort qui fixe l'instant de la fermeture du contact du capteur.

X.1.1.4. Capteur de température du moteur

Ce capteur peut être du type tout ou rien ou du type ratiométrique ; tout dépendant du constructeur.

Lorsque ce capteur est de type tout ou rien, c'est un thermo-contact dont la fermeture du contact est déterminée par la température du moteur et est du genre CTP (résistance à coefficient de température positif).

Lorsque ce capteur est de type ratiométrique, c'est une thermistance dont le signal varie avec la température du moteur. Ce signal permet d'apporter des corrections au niveau de l'injection et de l'allumage. La thermistance peut être du type CTN (résistance à coefficient de température négatif) ou CTP (résistance à coefficient de température positif).

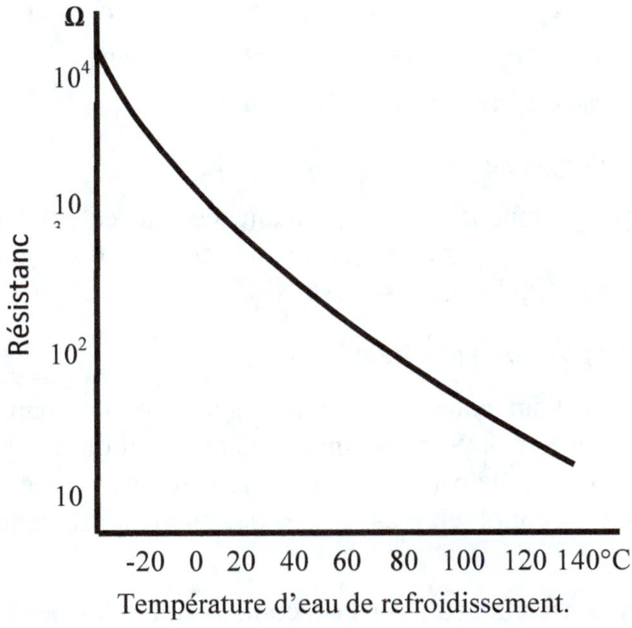

Figure 10.2.1 : Exemple de caractéristique d'une sonde CTN

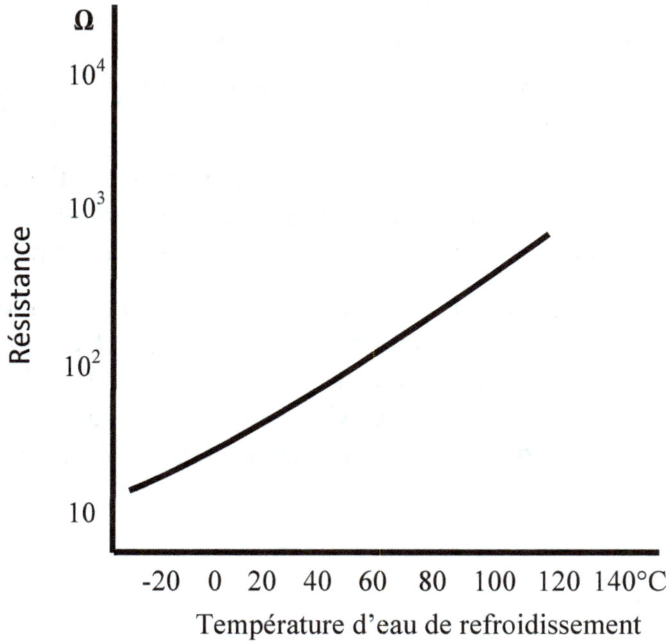

Figure 10.2.2 : Exemple de caractéristique d'une sonde CTP.

X.1.1.5. Sonde à oxygène

Elle délivre pratiquement et en permanence au calculateur une information sur la teneur en oxygène au niveau des gaz d'échappement afin que le calculateur régule le taux de NOX, CO, HC (…).

X.1.1.6. Capteur position volet de départ

Généralement, c'est un potentiomètre fixé sur le boîtier papillon. Il informe le calculateur sur la position angulaire du papillon des gaz et à partir de cette information, le calculateur calcule le temps d'injection afin d'assurer un mode secours en cas d'une défaillance du capteur de pression.

Cette information est utilisée pour la reconnaissance des positions de la pédale d'accélération et en fonction de ces données, le calculateur peut reconnaître le mode de fonctionnement du moteur et appliquer les stratégies d'avance à l'injection.

X.1.1.7. Débitmètre

Le débitmètre est monté dans le circuit d'admission entre le filtre à air et le papillon des gaz.

Il mesure la quantité d'air aspiré par le moteur et transforme cette donnée en un signal électrique qui est envoyé au calculateur.

Le débitmètre classique est un potentiomètre. Un curseur à deux contacts se déplace sur une piste à résistance variable.

X.1.2. Fonctionnement d'un moteur à injection essence électronique séquentielle

Angle du vilebrequin	Premier cylindre	Deuxième cylindre	Troisième cylindre	Quatrième cylindre	Rotation du vilebrequin	Rotation de l'arbre à cames	Obtention du PMH
0° à 180°	(Allumage= commande de la bobine N°1) Explosion-détente	Échappement	Compression (Injection= commande de la bobine N°4)	Admission	½ tour	¼ tour	PMH obtenu par deux dents de la couronne
180° à 360°	Échappement	Admission	(Allumage= commande de la bobine N°3) Explosion-détente	Compression (Injection= commande de la bobine N°4)	½ tour	¼ tour	PMH obtenu après comptage de 29 dents
360° à 540°	Admission	Compression (Injection= commande de la bobine N°2)	Échappement	(Allumage= commande de la bobine N°4) Explosion-détente	½ tour	¼ tour	PMH obtenu par deux dents de la couronne
540° à 720°	Compression (Injection= commande de la bobine N°1)	(Allumage= commande de la bobine N°2) Explosion-détente	Admission	Échappement	½ tour	¼ tour	PMH obtenu après comptage de 29 dents

L'ordre d'allumage est le 1-3-4-2

Allumages

Injections

X.2. SYSTÈME D'INJECTION DIESEL À RAMPE COMMUNE

Le fonctionnement d'un système d'injection à rampe commune est presque identique au fonctionnement d'un système d'injection essence, à la seule différence que les injections ont lieu au troisième temps du fonctionnement du moteur. Les injections se font suivant l'ordre d'injection imposé par le constructeur et disponible dans le programme d'une mémoire morte du calculateur. Considérons un moteur à quatre cylindres en ligne équipé de ce système, possédant un volant moteur de 58 dents ; donnons le synoptique de la partie électronique (voir figure ci-dessous).

SYNOPTIQUE DE LA PARTIE ÉLECTRONIQUE

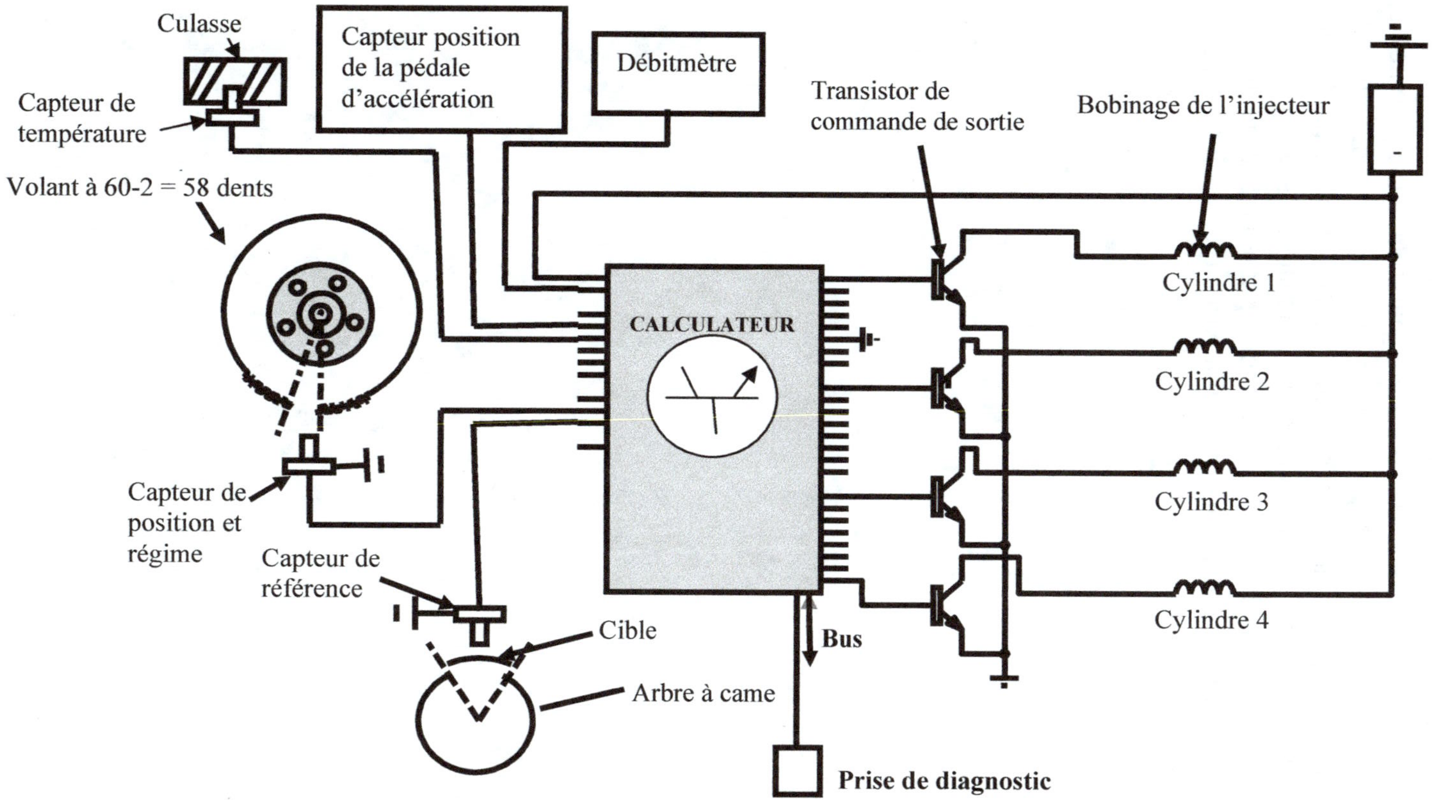

Figure 10.3 : Synoptique de la partie électronique de gestion d'injection à rampe commune.

X.2.1. Présentation des principaux composants du système d'injection diesel à rampe commune

X.2.1.1. Capteur de position vilebrequin et régime du moteur

Comme l'injection essence, ce capteur est généralement de type magnétique fixé sur le carter d'embrayage et placé en regard d'une couronne de 58 dents montée sur le volant moteur dont le rôle est de déterminer le régime de rotation du moteur ainsi que la position du vilebrequin. Les informations fournies sont transmises au calculateur afin qu'il détermine une cadence et une avance à l'injection.

A- Position du vilebrequin

Le calculateur commande chaque injecteur selon l'ordre d'injection lorsque la position du vilebrequin correspond à un point mort haut ;le point mort haut correspondant au premier cylindre étant obtenu lorsque le point mort haut de référence donné par le capteur de l'arbre à cames coïncide avec le point mort haut du volant moteur signalé par le capteur position /régime. Partant de cette référence, le vilebrequin fera deux tours alors que l'arbre à cames fera un tour ; pour deux tours du vilebrequin, le capteur de position /régime doit permettre au calculateur de déterminer quatre points morts hauts. Pour réaliser cette tâche, pour chaque tour du vilebrequin, le calculateur détermine le premier point mort haut grâce aux dents manquantes de la couronne du vilebrequin et commande un injecteur, puis le deuxième point mort haut par comptage des dents, soit 29 dents correspondant à un demi-tour du vilebrequin puis commande un autre injecteur. Ainsi, pour deux tours du vilebrequin, les quatre injecteurs sont commandés selon l'ordre d'injection inscrit dans l'algorithme en mémoire.

B- Régime du moteur

La manière de déterminer le régime du moteur dépend entièrement de la configuration du signal délivré par le capteur position /régime ; soit un signal tout ou rien qui est envoyé à un compteur après amplification ; soit un signal radiométrique qui est envoyé à un convertisseur analogique-numérique après amplification. L'un ou autre signal conduit au même résultat à savoir adapter proportionnellement le point d'injection aux variations du régime moteur.

X.2.1.2. Capteur de référence

Ce capteur est identique à celui d'un moteur à injection essence ; c'est-à-dire qu'un capteur, généralement de type à effet hall, est implanté sur la culasse en regard d'une cible fixée au bout de l'arbre à cames ou de l'arbre à cames d'admission (cas de deux arbres) et permet au calculateur de reconnaître le point mort haut du premier cylindre, référence à partir de laquelle le calculateur applique l'ordre d'injection en suivant les points morts hauts du volant moteur. L'arbre à cames tourne deux fois moins vite que le vilebrequin et le signal de référence n'apparaît que tous les deux tours du vilebrequin. Le passage de la cible devant le capteur de référence déclenche un signal qui est envoyé au calculateur.

X.2.1.3. Capteur de position de la pédale d'accélération

Généralement, c'est un potentiomètre recodé à la pédale d'accélérateur ; cette information permet au calculateur de calculer le temps d'injection pour le régime du moteur.

X.2.1.4. Débitmètre

Le débitmètre est du type à fil chaud, monté dans le circuit d'admission entre le filtre à air et le volet de départ. Ce capteur mesure la masse d'air qui entre dans les cylindres afin que le calculateur détermine le rapport air /gazole et régule l'ouverture de la vanne EGR.

X.2.2. Fonctionnement d’un moteur diesel à rampe commune

Angle du vilebrequin	**Premier cylindre**	**Deuxième cylindre**	**Troisième cylindre**	**Quatrième cylindre**	**Rotation du vilebrequin**	**Rotation de l’arbre à cames**	**Obtention du PMH**
0° à 180°	(Injection = commande de la bobine N°1) Explosion-détente	Échappement	Compression	Admission d’air	½ tour	¼ tour	PMH obtenu par deux dents de la couronne
180° à 360°	Échappement	Admission d’air	(Injection= commande de la bobine N°3) Explosion-détente	Compression	½ tour	¼ tour	PMH obtenu après comptage de 29 dents
360° à 540°	Admission d’air	Compression	Échappement	(Injection = commande de la bobine N°4) Explosion-détente	½ tour	¼ tour	PMH obtenu par deux dents de la couronne
540° à 720°	Compression	(Injection= commande de la bobine N°2) Explosion-détente	Admission d’air	Échappement	½ tour	¼ tour	PMH obtenu après comptage de 29 dents

L’ordre d’injection est le 1-3-4-2 ▭ Injections

CHAPITRE XI :

ANALYSE DES PANNES DU MOTEUR À INJECTION

Cette analyse est approximative, car la manifestation de la défaillance d'un composant chez deux constructeurs peut être différente. La manifestation d'une anomalie d'un système à commande informatisée dépend entièrement de ses composants et de l'algorithme dans la mémoire du calculateur de commande.

XI.1. MOTEUR À INJECTION ESSENCE SÉQUENTIELLE

ANOMALIE	CAUSES	SOLUTIONS
Le moteur manque de la puissance	-Sonde lambda ; -Débitmètre ; - Pot catalytique salle -Capteur température d'air admission défectueux ; - Capteur pression d'air admission défectueux ; - Capteur de la pédale d'accélération défectueux ;	- Contrôler la sonde lambda et son alimentation ; - Contrôler le débitmètre et son alimentation ; - Nettoyer le catalyseur ou remplacer - contrôler les capteurs température et d'air d'amission - contrôler le capteur de la pédale d'accélération
Manque de ralenti et d'accélération	-Débitmètre défectueux ; -Capteur de la pédale d'accélération défectueux ; -Capteur de volet de départ défectueux ; - Le catalyseur sale -micromoteur de régulation de ralenti défectueux -Electrovanne de régulation de ralenti	- Contrôler le débitmètre et son alimentation ; - Contrôler le capteur de pédale et son alimentation ; - Contrôler le capteur de volet et son alimentation ; - Nettoyer le catalyseur ou remplacer - Contrôler le micromoteur de régulation de ralenti Contrôler l'électrovanne de régulation de ralenti

Le moteur ne démarre pas	-Capteur de position de vilebrequin défectueux ; - Capteur d'arbre à cames ; - Mauvais calage de la distribution ; - Circuit d'alimentation défectueux ; -Circuit d'allumage défectueux ; - Qualité ou quantité du combustible ; - Antidémarrage ; - Trop de défauts en mémoire	- Contrôler le capteur de position et son alimentation ; - Contrôler le capteur d'arbre à cames et son alimentation ; - Contrôler le calage de la distribution ; - Contrôler le débit des injecteurs, le fonctionnement de la pompe à essence et la qualité du combustible ; - Contrôler les bobines d'allumage, leur alimentation ; - Contrôler le système antidémarrage ; -Effacer les défauts en mémoire et faire un apprentissage
Le moteur présente des ratés dans un ou plusieurs cylindres	- Bobine d'allumage du cylindre concerné défectueux ou non alimenté ; - Injecteurs défectueux ou non alimentés	- Contrôler les bobines d'allumage, leur alimentation ; - Contrôler l'alimentation et le débit des injecteurs.

XI.2. MOTEUR À INJECTION DIESEL À RAMPE COMMUNE

ANOMALIE	CAUSES	SOLUTIONS
Le moteur manque de la puissance	-Turbo compresseur défectueux ; - Capteur de pression de la rampe défectueux ; -Sonde lambda défectueuse ; -Débitmètre défectueux ; - Pot catalytique sale ; -Electrovanne EGR défectueux ; -Capteur température d'air admission défectueux ; - Capteur pression d'air admission défectueux ; - Capteur de la pédale d'accélération défectueux ;	-Contrôler le turbo compresseur ; - Contrôler le capteur de pression et son alimentation ; - Contrôler la sonde lambda et son alimentation ; - Contrôler le débitmètre et son alimentation ; - Nettoyer le catalyseur - contrôler les capteurs température et d'air d'amission - contrôler le capteur de la pédale d'accélération
Manque de ralenti et d'accélération	-Débitmètre défectueux -Capteur de pédale d'accélération défectueux ; - Volet de départ défectueux ; - Capteur de position de volet de départ défectueux ; -Turbo compresseur déflecteur	- Contrôler le débitmètre et son alimentation ; - Contrôler le capteur de pédale et son alimentation ; - Contrôler le fonctionnement du volet de départ ; - Contrôler le capteur de position de volet et son alimentation ; - Contrôler le turbo compresseur

Le moteur ne démarre pas	-Capteur de position du vilebrequin défectueux ; - Capteur d'arbre à cames ; - Mauvais calage de la distribution - Circuit d'alimentation défectueux (régulateur, pompe) ; - Qualité ou quantité du combustible ; - Trop de défauts en mémoire	- Contrôler le capteur de position du vilebrequin et son alimentation - Contrôler le capteur d'arbre à cames et son alimentation ; - Contrôler le calage et caler si nécessaire ; - Contrôler l'alimentation en gazole de la rampe, le débit des injecteurs et le fonctionnement de la pompe haute pression, la qualité du combustible ; - Contrôler l'alimentation des injecteurs ; - Effacer les défauts et faire un apprentissage

XI.3. CONCLUSION

Aujourd'hui, être un bon mécanicien ne dépend plus seulement de la performance de soi, mais également de la performance de l'outil de diagnostic qu'on possède. La performance de l'outil de diagnostic repose sur la précision à déceler, à localiser les composants à l'origine de la panne. Il est alors préférable pour un mécanicien de nos jours de se spécialiser sur les marques de son choix et d'utiliser des outils professionnels au lieu des outils universels si on recherche une performance et une satisfaction de la part de ses clients.

TABLE DES MATIÈRES

Éducation et Formation aux éditions L'Harmattan

Dernières parutions

RECHERCHE (LA) EN ÉDUCATION
Pluralité et complexité
Sous la direction de Louis Marmoz et Raoul Marmoz
Cet ouvrage est exceptionnel. Il ose assumer tout à fait le caractère multiple de la recherche en éducation, en en montrant un grand nombre de facettes, mises en évidence grâce aux apports de plus de trente auteurs, chercheurs réputés, d'une douzaine de nationalités distinctes. Ce sont autant de regards sur les différents aspects de cette recherche, sur des questions ou des dimensions - des problèmes donc - précises.
(Coll. AFIRSE, 25.00 euros, 254 p.)
ISBN : 978-2-343-04952-6, ISBN EBOOK : 978-2-336-36536-7

PROFESSEUR (LE) INTERCULTUREL
L'éducation interculturelle des professeurs de langues dans la formation continue
Bastos Mónica
Cette étude vise à faire de l'éducation interculturelle une réalité dans nos écoles, en suivant son évolution depuis les politiques linguistiques et éducatives nationales et transnationales, jusqu'au discours de la recherche en didactique des langues. Pour cela, nous avons développé un programme de recherche et de formation intitulé « Le professeur interculturel ». Il a pour ambition que les professeurs en formation développent des compétences pour gérer la diversité et la communication interculturelle.
(Coll. Enfance éducation et société, 24.50 euros, 250 p.)
ISBN : 978-2-343-04597-9, ISBN EBOOK : 978-2-336-36820-7

ENSEIGNER À L'ÉCOLE PRIMAIRE
Dix ans avec un professeur des écoles
Sous la direction de Philippe Chaussecourte – Préface de Claudine Blanchard-Laville
Que peut-on dire de l'évolution de la pratique d'un professeur des écoles au cours des dix premières années de sa carrière ? Les auteurs de ce livre n'ont pas choisi de répondre à cette question par une enquête à grande échelle. De façon plus originale, ils ont décidé de concentrer leur regard sur un seul professeur qui leur a ouvert la porte de sa classe pendant dix années depuis son entrée dans le métier.
(Coll. Savoir et formation, 22.00 euros, 216 p.)
ISBN : 978-2-343-04453-8, ISBN EBOOK : 978-2-336-36493-3

DE L'ÉDUCATION MORALE DE LA JEUNESSE
Propositions de quelques paradigmes
Olinga Joachim - Préface de Richard Okene
L'enfance et la jeunesse sont les garants de la qualité du monde à venir. Leur prise en charge mérite une considération toujours croissante de tous les maillons de la chaîne éducative. Une société ne mérite que les hommes et les femmes qu'elle a elle-même façonnés. Les progrès enregistrés dans son sein reposent sur la mentalité et la quantité de la qualité des modèles de citoyens formés. Son développement devrait s'étendre sur le double point de vue matériel et spirituel.
(Coll. Enseignement et éducation en Afrique, 16.50 euros, 162 p.)
ISBN : 978-2-343-01251-3, ISBN EBOOK : 978-2-336-36525-1

VAGABONDAGES
Transmettre, enseigner, former...
Alin Christian
Le livre précédent de Christian Alin dans la même collection, *La Geste Formation* (Paris, L'Harmattan, 2010), était consacré à l'analyse des pratiques, à la question des gestes professionnels et à celle de leur transmission dans les métiers de l'enseignement et de la formation. Tenter, cette fois-ci, une écriture qui invite d'une autre façon à la pensée, à la poétique et toujours au partage, tel est le souhait de ce petit livre.
(Coll. Savoir et formation, 13.50 euros, 130 p.)
ISBN : 978-2-343-04734-8, ISBN EBOOK : 978-2-336-36563-3

DERRIÈRE LA SEIZIÈME PORTE
Une classe pour s'évader dans la prison – Récit
Leclerc du Sablon Françoise
Derrière la seizième porte, l'auteur nous invite à partager une bulle de liberté, dans sa classe, en prison. Ce petit livre n'est pas un discours militant, il n'expose pas de théorie politique, il ne juge pas, ni le système, ni les hommes ; il raconte une aventure, il met en scène des histoires dont le héros, quel qu'il soit, poursuit toujours une seule et même quête : (re)trouver son humanité. Pour atteindre cet objectif, il fallait un fil conducteur : l'estime de soi et un guide bienveillant (Françoise Leclerc du Sablon fut ce guide pendant quatorze ans).
(Coll. Rue des écoles, 14.50 euros, 144 p.)
ISBN : 978-2-343-05022-5, ISBN EBOOK : 978-2-336-36470-4

FORMATION (LA) EN ALTERNANCE
Complexité et dynamique des dispositifs
Bec Jacques, Singéry Jacky, Tricot Dominique
Cet ouvrage s'adresse à un public multiple, allant des acteurs de l'alternance, souvent confrontés à de fortes difficultés, jusqu'au citoyen qui s'interroge sur le devenir de l'éducation dans son pays. La diversité des contributions, des contributeurs, des angles d'approche et des points de vue exprimés aidera le lecteur à mieux comprendre la réalité de l'alternance, diversifiée, complexe et en constante évolution, qu'on ne peut maîtriser si l'on s'en tient à des schémas d'analyse trop réducteurs ou trop standardisés.
(Coll. Savoir et formation, 31.00 euros, 306 p.)
ISBN : 978-2-343-04558-0, ISBN EBOOK : 978-2-336-36600-5

L'ÉVALUATION D'UN PORTEFEUILLE UNIVERSITAIRE D'EXPÉRIENCES ET DE COMPÉTENCES
Enjeux et résultats pour 13 universités
Sous la direction de Philippe Lemistre, préface de Malika Kacimi
Cet ouvrage rend compte des résultats et enjeux de l'évaluation par le CEREQ et son réseau d'une expérimentation dans 13 universités de 2009 à 2013 du Portefeuille d'Expériences et de Compétences. Ce dispositif associe un outil numérique (e-portfolio) à l'accompagnement des étudiants dans leur démarche réflexive sur leurs expériences et parcours. Sa finalité est de valoriser les compétences acquises des étudiants et faciliter ainsi leur orientation et insertion professionnelle.
(Coll. Evaluer, 22.00 euros, 220 p.)
ISBN : 978-2-343-04606-8, ISBN EBOOK : 978-2-336-36513-8

MÉTHODOLOGIE DE LA RECHERCHE ET INITIATION À LA PRÉPARATION DES MÉMOIRES ET DES THÈSES
Agbobli Edo Kodjo Maurille
Chaque être a besoin de comprendre les événements qu'il vit et tous les aspects de l'environnement dont il dépend. Il importe de maîtriser la méthodologie qui y gouverne pour saisir le contenu des divers travaux destinés à nous éclairer. Tel est le but de cet opuscule très nécessaire aux étudiants et élèves des cycles 2 et 3 de l'enseignement supérieur, pour la validation de leurs travaux, et à tout lecteur qui veut comprendre les écrits scientifiques expliquant les phénomènes du monde contemporain.
(20.00 euros, 222 p.)
ISBN : 978-2-343-05230-4, ISBN EBOOK : 978-2-336-36517-6

ÉCRIRE POUR APPRENDRE
La démarche ECLER
Ferrand Noël
Dans la démarche ECLER, ceux et celles qui disent ne pas savoir sont autorisés à écrire. Ils sont invités à s'appuyer sur ce qu'ils savent déjà, pour construire de nouvelles compétences. Dans une posture «d'accompagnement-expert», le formateur accueille, conseille, oriente en construisant avec chacun, pas à pas, une progression sur mesure des connaissances à acquérir. Depuis plus de 25 ans, ECLER fait de l'hétérogénéité un levier pour l'apprentissage et développe chez les apprenants, initiative, créativité, autonomie et responsabilité.
(32.00 euros, 318 p.)
ISBN : 978-2-343-04351-7, ISBN EBOOK : 978-2-336-36318-9

RÉSEAU (LE) IDEKI
Objets de recherche d'éducation et de formation émergents, problématisés, mis en tension, réélaborés
Frisch Muriel - Préface de Joel Lebeaume
Créatrice du concept IDEKI (Information - Innovation - Didactiques - Documentation - Education - Knowledge - Ingénierie), Muriel Frisch intervient en formation auprès de publics variés, en articulant ses objets de recherche à ses interventions en formation. Les enjeux sont de mettre au jour des émergences, des constructions de savoirs, de rendre compte de savoirs «chauds» sans les figer.
(Coll. ID/Émergences, cheminements et constructions de savoirs, 38.50 euros, 392 p.)
ISBN : 978-2-343-04772-0, ISBN EBOOK : 978-2-336-36441-4

ENTRETIEN (L') D'EXPLICATION
Usages diversifiés en recherche et en formation
Sous la direction d'Alain Mouchet
Ce livre a pour objectif de diffuser les usages diversifiés de la psychophénoménologie et de la méthode d'entretien d'explication, dans les recherches et les formations qui s'intéressent à l'expérience subjective. C'est l'occasion de répondre à des interrogations de nature scientifique à propos de la dimension implicite, sensible, intuitive, de l'expérience vécue en situation.
(Coll. Action et savoir, 34.00 euros, 302 p.)
ISBN : 978-2-343-03993-0, ISBN EBOOK : 978-2-336-36299-1

ÉCHEC (L') SCOLAIRE DES ENFANTS DE MIGRANTS
Pour une éducation interculturelle
Boukli-Hacène Nadia
Les enfants de migrants (ou pas), ne sont pas que des élèves qui doivent subir les aléas et exigences d'un programme illisible. En chaque élève, il y a d'abord un enfant et l'enfance est cette période privilégiée de la vie où tout est possible. Elle sert de référence, de point d'appui. L'école doit être le lieu où l'enfant est impliqué dans son apprentissage, car en chaque enfant, un adulte se prépare. Enseignants, pédagogues, formateurs, n'égarons pas cette clé, elle est précieuse, afin que nos enfants puissent accéder à l'essentiel. L'Éducation peut mieux faire, elle est l'instrument de cette quête fondamentale !
(Coll. Questions contemporaines, 19.00 euros, 188 p.)
ISBN : 978-2-343-04078-3, ISBN EBOOK : 978-2-336-36418-6

DOCTORAT ET MONDE PROFESSIONNEL
Coordonné par Françoise Cros, Edwige Bombaron et Marie-Laure Vitali
La société actuelle interroge de manière vive les qualités économiques et professionnelles de l'ensemble des diplômes accordés par l'Université. Dans cette perspective, cet ouvrage questionne les forces et les faiblesses du doctorat en sciences sociales et humaines face au monde économique, à travers une triple orientation : historique, de comparaison internationale avec des pays comme la Finlande ou le Canada et épistémologique.
(Coll. Action et savoir, série Rencontres, 15.50 euros, 156 p.)
ISBN : 978-2-343-03997-8, ISBN EBOOK : 978-2-336-35974-8

DE LA RECHERCHE BIOGRAPHIQUE EN ÉDUCATION
Fondements, méthodes, pratiques
Delory-Momberger Christine
Le recherche biographique se donne pour projet d'explorer les configurations qui permettent à l'individu de donner forme et sens à son expérience dans les registres pluriels de son existence. Dans le domaine de l'éducation, elle s'attache à mieux comprendre la manière dont les acteurs font signifier leurs expériences de formation et d'apprentissage, le rôle que jouent les institutions éducatives et formatives dans les constructions biographiques individuelles et dans les processus de socialisation.
(Téraèdre, Coll. Autobiographie et éducation, 21.50 euros, 274 p.)
ISBN : 978-2-36085-058-7, ISBN EBOOK : 978-2-336-36162-8

ENSEIGNER PAR SON CORPS
Sous la direction de Bernard Andrieu, Aline Paintendre et Nicolas Burel
Le corps incarne par ses gestes, postures et attitudes, un mode d'exister dans les gestes professionnels. A travers notre corps, les émotions, les affects, les gestes involontaires, le stress, le désir ou le plaisir, se trahissent malgré nous dans l'interaction pédagogique. Cet ouvrage s'intéresse, dans une première partie, au corps de l'enseignant en situation d'enseignement, une seconde partie est consacrée à la santé de l'enseignant et au bien-être de l'élève.
(Coll. Mouvements des Savoirs, 27.00 euros, 260 p.)
ISBN : 978-2-343-04727-0, ISBN EBOOK : 978-2-336-36146-8

ÉVALUATION DES BESOINS DES ENFANTS ET QUALITÉ DE VIE
Regards croisés France-Canada
Sous la direction de Philippe Guimard et Catherine Sellenet
D'un continent à l'autre, des chercheurs et praticiens se répondent pour travailler ensemble à l'amélioration des conditions de vie des enfants. Ici l'accent a été mis sur les études les plus récentes : celles qui concernent la place du père et son influence dans le bien-être des enfants, celles qui pénètrent au cœur de l'école en interrogeant la satisfaction des enfants, leur préparation scolaire à la maternelle, les troubles du comportement, sans oublier le champ de la protection de l'enfance.
(Coll. Savoir et formation, série Protection de l'enfance, 26.00 euros, 268 p.)
ISBN : 978-2-343-04684-6, ISBN EBOOK : 978-2-336-36250-2

POUVOIR DEVENIR SUJET
Un itinéraire de formation à la reliance
Beauchesne Marie - Préface de Bernard Honoré
Marie Beauchesne propose ici une immersion radicale dans son parcours de vie, marqué notamment par l'éclatement familial caractéristique du Québec contemporain. Elle explore également son itinéraire de formation ainsi que sa pratique d'accompagnement du changement humain en milieu organisationnel, afin de répondre à une question brûlante : « Comment peut-on, par une pratique approfondie de soi, participer à la transformation de nos relations, de nos institutions, voire même de notre société ? »
(Coll. Histoire de vie et formation, 23.00 euros, 228 p.)
ISBN : 978-2-343-04407-1, ISBN EBOOK : 978-2-336-36111-6

TABLEAUX NOIRS
Bribes de vie à l'école
Nhu Nathalie
Mais que se passe-t-il dans nos écoles ? L'école qui se donne une image lisse et parfaite, mais qui derrière ses portes, cache son mal-être. *Tableaux Noirs* fixe comme le ferait un photographe des histoires vraies, des instantanés qui dressent le portrait d'enseignants, d'élèves ou de parents à un moment donné de leur vie. Ces histoires courtes de l'école montrent la difficulté d'un métier passionnant, qui plonge l'enseignant dans une profonde solitude.
(18.00 euros, 194 p.)
ISBN : 978-2-343-04192-6, ISBN EBOOK : 978-2-336-36137-6

L'HARMATTAN ITALIA
Via Degli Artisti 15; 10124 Torino
harmattan.italia@gmail.com

L'HARMATTAN HONGRIE
Könyvesbolt ; Kossuth L. u. 14-16
1053 Budapest

L'HARMATTAN KINSHASA
185, avenue Nyangwe
Commune de Lingwala
Kinshasa, R.D. Congo
(00243) 998697603 ou (00243) 999229662

L'HARMATTAN CONGO
67, av. E. P. Lumumba
Bât. – Congo Pharmacie (Bib. Nat.)
BP2874 Brazzaville
harmattan.congo@yahoo.fr

L'HARMATTAN GUINÉE
Almamya Rue KA 028, en face
du restaurant Le Cèdre
OKB agency BP 3470 Conakry
(00224) 657 20 85 08 / 664 28 91 96
harmattanguinee@yahoo.fr

L'HARMATTAN MALI
Rue 73, Porte 536, Niamakoro,
Cité Unicef, Bamako
Tél. 00 (223) 20205724 / +(223) 76378082
poudiougopaul@yahoo.fr
pp.harmattan@gmail.com

L'HARMATTAN CAMEROUN
TSINGA/FECAFOOT
BP 11486 Yaoundé
699198028/675441949
harmattancam@yahoo.com

L'HARMATTAN CÔTE D'IVOIRE
Résidence Karl / cité des arts
Abidjan-Cocody 03 BP 1588 Abidjan 03
(00225) 05 77 87 31
etien_nda@yahoo.fr

L'HARMATTAN BURKINA
Penou Achille Some
Ouagadougou
(+226) 70 26 88 27

L'HARMATTAN SÉNÉGAL
10 VDN en face Mermoz, après le pont de Fann
BP 45034 Dakar Fann
33 825 98 58 / 33 860 9858
senharmattan@gmail.com / senlibraire@gmail.com
www.harmattansenegal.com

Achevé d'imprimer par Corlet Numérique - 14110 Condé-sur-Noireau
N° d'Imprimeur : 135909 - Dépôt légal : février 2017 - *Imprimé en France*

www.ingramcontent.com/pod-product-compliance
Lightning Source LLC
LaVergne TN
LVHW051353061026
849535LV00009B/3168
9782343113579